rapid biological inventories : 06

Bolivia : Pando, Federico Román

William S. Alverson, Debra K. Moskovits,
y/and Isabel C. Halm, editores/editors

ENERO/JANUARY 2003

Instituciones Participantes / Participating Institutions:

The Field Museum

Centro de Investigación y Preservación de la Amazonía
   (CIPA), y la Universidad Amazónica de Pando (UAP)

Herbario Nacional de Bolivia (LPB)

Herencia

LPB

INTERDISCIPLINARIA PARA EL DESARROLLO SOSTENIBLE

LOS INVENTARIOS BIOLÓGICOS RÁPIDOS SON PUBLICADOS POR/
RAPID BIOLOGICAL INVENTORIES REPORTS ARE PUBLISHED BY:

THE FIELD MUSEUM
Environmental and Conservation Programs
1400 South Lake Shore Drive
Chicago, Illinois 60605-2496 USA
T 312.665.7430, F 312.665.7433
www.fieldmuseum.org

Editores/Editors: William S. Alverson, Debra K. Moskovits,
and Isabel C. Halm

Diseño/Design: Costello Communications, Chicago

Traducciones/Translations: Angela Padilla, Tyana Wachter,
Alvaro del Campo, Janira Urrelo, y/and Julio Rojas

El Field Museum es una institución sin fines de lucro extenta de
impuestos federales bajo sección 501(c)(3) del Código Fiscal Interno.
/The Field Museum is a non-profit organization exempt from federal
income tax under section 501(c)(3) of the Internal Revenue Code.

Esta publicación ha sido financiada en parte por la Gordon
and Betty Moore Foundation./This publication has been funded
in part by the Gordon and Betty Moore Foundation.

Cita Sugerida/Suggested Citation: Alverson, W.S.,
D.K. Moskovits, and I.C. Halm (eds.). 2003. Bolivia: Pando,
Federico Román. Rapid Biological Inventories Report 06.
Chicago: The Field Museum.

Fotografía de la carátula/Cover photograph: Buco Acollarado/
Collared Puffbird (*Bucco capensis*), por/by D.F. Stotz.

Fotografía de la carátula interior/Inner-cover photograph:
El río Madera visto desde el Campamento Piedritas/
The Madera (Madeira) River seen from the Piedritas camp,
por/by W.S. Alverson.

Créditos fotográficos/Photo credits: Figs. 2A-E, 4A, 4C, 4D, 7B,
W.S. Alverson; Figs. 1, 4B, 5A-E, R.B. Foster; Fig. 7C, M. Herbas;
Figs. 6A-C, D.F. Stotz; Figs. 6D, 6E, S. Suárez;
Figs. 7A, 7D, 7E, A. Wali.

 Impreso en papel reciclado. Printed on recycled paper.

CONTENIDO/CONTENTS

EQUIPO DEL CAMPO

William S. Alverson (*plantas*)
Environmental and Conservation Programs
The Field Museum, Chicago, IL, USA

Daniel Ayaviri (*plantas*)
Centro de Investigación y Preservación de la
Amazonía, Universidad Amazónica de Pando
Cobija, Pando, Bolivia

John Cadle (*anfibios y reptiles*)
Department of Herpetology
Chicago Zoological Society, Brookfield, IL, USA

Gonzalo Calderón (*mamíferos*)
Centro de Investigación y Preservación de la
Amazonía, Universidad Amazónica de Pando
Cobija, Pando, Bolivia

Verónica Chávez (*mamíferos*)
Herencia
Cobija, Pando, Bolivia

Johnny Condori (*aves*)
Centro de Investigación y Preservación de la
Amazonía, Universidad Amazónica de Pando
Cobija, Pando, Bolivia

Robin B. Foster (*plantas*)
Environmental and Conservation Programs
The Field Museum, Chicago, IL, USA

Lucindo Gonzáles (*anfibios y reptiles*)
Herencia
Cobija, Pando, Bolivia

Marcelo Guerrero (*anfibios y reptiles*)
Centro de Investigación y Preservación de la
Amazonía, Universidad Amazónica de Pando
Cobija, Pando, Bolivia

Mónica Herbas (*caracterización social*)
Herencia
Cobija, Pando, Bolivia

Lois Jammes (*coordinador, piloto*)
Santa Cruz de la Sierra, Bolivia

Romer Miserendino (*aves*)
Herencia
Cobija, Pando, Bolivia

Debra K. Moskovits (*coordinadora, aves*)
Environmental and Conservation Programs
The Field Museum, Chicago, IL, USA

Julio Rojas (*coordinador, plantas*)
Centro de Investigación y Preservación de la
Amazonía, Universidad Amazónica de Pando
Cobija, Pando, Bolivia

Pedro M. Sarmiento O. (*logística de campo*)
Yaminagua Tours
Cobija, Pando, Bolivia

Brian O'Shea (*aves*)
Environmental and Conservation Programs
The Field Museum, Chicago, IL, USA

Antonio Sota (*plantas*)
Herencia
Cobija, Pando, Bolivia

Douglas F. Stotz (*aves*)
Environmental and Conservation Programs
The Field Museum, Chicago, IL, USA

Sandra Suárez (*mamíferos*)
Departamento de Antropología
New York University, New York, NY, USA

Janira Urrelo (*plantas*)
Herbario Nacional de Bolivia
La Paz, Bolivia

Alaka Wali (*caracterización social*)
Center for Cultural Understanding and Change
The Field Museum, Chicago, IL, USA

COLABORADORES

Juan Fernando Reyes
Herencia
Cobija, Pando, Bolivia

Comunidad Nueva Esperanza
Pando, Bolivia

Comunidad Arca de Israel
Pando, Bolivia

The Field Museum

El Field Museum es una institución de educación e investigación basadas en colecciones de historia natural, que se dedica a la diversidad natural y cultural. Combinando las diferentes especialidades de Antropología, Geología, Zoología y Biología de Conservación, los científicos del museo investigan asuntos relacionados con la evolución, biología del medio ambiente, y antropología cultural. El Programa de Conservación y Medio Ambiente (ECP) es la rama del museo dedicada a convertir la ciencia en acción que crea y apoya una conservación duradera. Con la aceleración y pérdida de la diversidad biológica en todo el mundo, la misión del ECP es de dirigir los recursos del Museo—conocimientos científicos, colecciones mundiales, programas educativos innovadores—a las necesidades inmediatas de conservación a nivel local, regional e internacional.

The Field Museum
1400 S. Lake Shore Drive
Chicago, Illinois 60605-2496 USA
312.922.9410 tel
www.fieldmuseum.org

Universidad Amazónica de Pando – Centro de Investigación y Preservación de la Amazonía

La Universidad Amazónica de Pando (UAP) comenzó sus actividades académicas en 1993 con dos de sus carreras: Biología y Enfermería. Posteriormente se implementó la carrera de Informática a nivel técnico superior; actualmente se están implementando las carreras de Agroforesteria, Derecho, Pedagogía, Construcción Civil y Piscicultura – Acuacultura. La iniciativa de formar un centro de educación superior para los estudiantes del departamento de Pando, surgió de la necesidad de que la administración de los recursos naturales del mismo debería estar en manos de gente capacitada para tal efecto; de ahí que se decidió que una de las carreras a las que se prestaría mayor atención en la UAP es la Carrera de Biología y al Centro de Investigación y Preservación de la Amazonía (CIPA). Desde el inicio de las actividades de CIPA, se pretendió mantener a la Universidad a la vanguardia de actividades de conservación y preservación tal como menciona el lema de UAP: "La preservación de la Amazonía es parte esencial de la subsistencia de la vida, del progreso y desarrollo de la bella tierra pandina." Es así que el CIPA es el centro que orienta en las políticas y estrategias para la conservación y preservación de los recursos naturales de esta región amazónica, además de coordinar y realizar las investigaciones básicas de fauna y flora.

Universidad Amazónica de Pando-CIPA
Av. Tcnl. Cornejo No.77, Cobija, Pando, Bolivia
591.3.8422135 tel/fax
cipauap@hotmail.com

Herencia

Interdisciplinaria para el Desarrollo Sostenible es una organización no gubernamental (ONG), que a través de la investigación y la planificación participativa, promueve el desarrollo sostenible en la Amazonía boliviana, prioritariamente en el Departamento de Pando.

Herencia
Oficina Central
Calle Otto Felipe Braun No. 92
Casilla 230
Cobija -Bolivia
591.3.8422549 tel
pando@herencia.org.bo

Herbario Nacional de Bolivia

El Herbario Nacional de Bolivia en La Paz es el centro de investigación botánica con perspectivas a nivel nacional que se dedica al estudio de la composición florística y conservación de las especies de flora en las diferentes formaciones de vegetación de cada piso ecológico en Bolivia. El Herbario se ha consolidado desde 1984 mediante el establecimiento de una colección científica de referencia, bajo estándares internacionales, así como de una biblioteca especializada y la generación de publicaciones de la información generada para aportar al conocimiento de nuestra riqueza florística. Siendo producto de un convenio entre la Universidad Mayor de San Andrés y la Academia de Ciencias de Bolivia, el Herbario también contribuye a la formación de profesionales biólogos especializados en el área de botánica, así como en el desarrollo del Jardín Botánico La Paz en Cota Cota.

Herbario Nacional de Bolivia
Calle 27, Cota Cota
Correo Central Cajón Postal 10077
La Paz, Bolivia
591.2.2792582 tel
lpb@acelerate.com

AGRADECIMIENTOS

La lista de personas claves para el éxito de los inventarios rápidos continua expandiéndose. Agradecemos profundamente a todas las personas que contribuyeron—directa o indirectamente—con nuestra capacidad de alcanzar los extremos más remotos de Pando, para poder ser productivos en el campo, y para poder compartir nuestros resultados preliminares con las partes interesadas y con las autoridades encargadas de las tomas de decisiones en Cobija y en La Paz. También estamos extremadamente agradecidos con todos aquellos que continúan brindando de sí para poder implementar las oportunidades claves para la conservación en Bolivia.

Un grupo de personas se puso en marcha antes que comenzara la expedición para hacer factible y eficiente la logística. Lois Jammes, Pedro M. Sarmiento, Sandra Suárez, y Tyana Wachter se convirtieron en el equipo invencible que—con la invaluable ayuda de Jesús Amuruz (Chu) así como otros en el campo, Cobija y La Paz— hicieron milagros para poner todos los detalles en su sitio. Emma Theresa Cabrera nos mantuvo alimentados bajo difíciles condiciones de cocina que incluyeron cientos de abejas y avispas, y Antonio Sota mantuvo todos los campamentos funcionando sobre ruedas. Los residentes de Nueva Esperanza, Arca de Israel, y Araras (en el vecino país de Brasil), así como el personal del puesto naval de Nueva Esperanza y el puesto militar de Manoa, fueron acogedores, expeditivos e ingeniosos.

Daniel Brinkmeier (ECP) proporcionó excelentes materiales para las presentaciones que se llevaron a cabo después del inventario así como también folletos para las comunidades. Gualberto Torrico tomó el liderazgo en cuanto a la seca de los especímenes de plantas. Alvaro del Campo, Tyana Wachter, y Sophie Twichell transformaron con destreza el caos en orden; Alvaro y Tyana proporcionaron también una ayuda invaluable mediante traducciones rápidas al español, complementando el trabajo de Angela Padilla que tradujo gran parte del documento. Agradecemos a Robert Langstroth por sus comentarios que fueron mucha ayuda en el borrador del manuscrito. Como siempre, James Costello (Costello Communications) y Linda Scussel (Scussel & Associates) fueron tremendamente tolerantes en cuanto a las fechas límite mientras mantenían la producción del reporte por buen camino.

El impacto de los inventarios rápidos depende en gran medida de la aplicación de recomendaciones para realizar las acciones de conservación y de las posibilidades de llevar a cabo actividades económicas compatibles con el medio ambiente. Por sus sugerencias, discusiones profundas y dedicación, agradecemos a Luis Pabón (Ministerio de Desarrollo Sostenible y Planificación, Servicio Nacional de Áreas Protegidas), Richard Rice (CABS, Conservation International), Jared Hardner (Hardner & Gullison Associates, LLC), Lorenzo de la Puente (DELAPUENTE Abogados), Mario Baudoin, Ronald Camargo (Universidad Amazónica de Pando—UAP), Adolfo Moreno y Henry Campero (WWF Bolivia), y Victor Hugo Inchausty (Conservación Internacional, Bolivia). Por su continuo interés y colaboración con nosotros en nuestros esfuerzos en Pando, agradecemos sinceramente a Sandra Suárez, Julio Rojas (CIPA, UAP), Juan Fernando Reyes (Herencia), Ronald Calderon (Fundación J. M. Pando), y Leila Porter.

John W. McCarter, Jr. continua siendo un recurso infalible de fuerza y coraje para nuestros programas. El financiamiento para este inventario provino de la Gordon y Betty Moore Foundation y del Field Museum.

Fechas del trabajo de campo	13 – 25 de julio del 2002 (biológico); 21 – 25 de julio del 2002 (socio-cultural)
Región	El extremo nororiental de Pando en la frontera con Brasil, dentro del Área de Inmovilización Federico Román (Figura 2) y en la zona ubicada inmediatamente al sur. Esta Área de Inmovilización (designación otorgada a lugares que requieren estudios antes de su categorización para el uso de tierras) cubre la extensión oeste del Escudo Brasileño. La mayor parte de la peculiar vegetación del Escudo Brasileño ha desaparecido hacia el este, al otro lado del río Madera, en Brasil (Figura 2).
Sitios muestreados	Tres sitios en el noreste de Pando: (1) bosques amazónicos bien drenados y altos de terraza elevada, ubicados ligeramente al sur del Área de Inmovilización Federico Román (*Caimán*); (2) bosques de inundación estacional o permanente en la ribera oeste del río Madera (Rio Madeira en Brasil), en el centro del Área de Inmovilización (*Piedritas*); y (3) bosques con suelos estériles e inundados estacionalmente en la confluencia de los ríos Madera y Abuna (*Manoa*), el punto más nororiental de Bolivia. Ver la Figura 2.
Organismos estudiados	Plantas vasculares, reptiles y anfibios, aves, y mamíferos grandes.
Resultados principales	El equipo del inventario encontró una oportunidad importante para conservar comunidades naturales amenazadas típicas del Escudo Brasileño—las que están desapareciendo rápidamente con la desenfrenada transformación de los bosques en pasturas ganaderas de corta duración hacia el norte y este—con bloques adyacentes ininterrumpidos de bosques altos amazónicos. Además de los bosques de tierra firme de dosel alto, el rango de hábitats inusuales en la región incluye sartenejales y otros bosques bajos con suelos pobremente drenados, vegetación abierta con suelos poco profundos sobre roca (lajas secas), vegetación herbácea con suelos húmedos (lajas húmedas), pantanos de *Symphonia* con raíces tipo zanco y bosques de enredadera de *Scleria* cortante con árboles aislados. Durante los 12 días en el campo, el equipo del inventario rápido encontró registros significativos para los cuatro grupos de organismos muestreados. Debajo listamos un breve resumen de los resultados. **Plantas:** El equipo registró 821 especies de plantas y estimó unas 1200 para la región. Algunas de las especies son poco comunes, nuevas para Bolivia, o nuevas para Pando. **Mamíferos:** El equipo registró 39 especies de mamíferos grandes, de un estimado de 51 para la región. Las densidades de población fueron altas para muchas especies de caza (jochi colorado, jochi pintado, troperos, taitetúes) así como otras especies vulnerables a la presión de cacería (manechis, marimonos, antas). Registramos 10 especies de primates y confirmamos la presencia de perros

de monte (*Atelocynus microtis*). El delfín rosado de río (bufeo) podría ser una especie regional endémica y merece futuros estudios. La presión de cacería en la región es baja en la actualidad pese a la considerable presencia humana en el vecino país de Brasil.

Aves: El equipo registró 412 especies y estimó mas de 500 para la región — probablemente la avifauna más rica de Bolivia. Cuatro de los registros son especies nuevas para el país, y otras 12 especies son nuevas para Pando. Registramos 12 especies restringidas al suroeste de la Amazonía y 13 que son típicas del este (pero no del oeste) del río Madera. La variación en cuanto a la composición de la avifauna dentro de Pando es sorprendente: registramos 72 especies no registradas en la reserva Manuripi, y un inventario rápido en Tahuamanu (Schulenberg et al. 2000) registró 62 especies ausentes en nuestra lista. Encontramos poblaciones altas de aves de caza incluyendo perdices, pavas, y trompeteros.

Anfibios y Reptiles: A pesar de la estación seca, el equipo registró 83 especies (44 reptiles y 39 anfibios), de un estimado de 165 a 170 para la región. La mayoría de las especies del inventario son del suroeste de la Amazonía, pero algunas fueron especies de formaciones más abiertas hacia el sur. Registramos algunas especies nuevas para Bolivia; estas especies ocurren en el vecino país de Brasil. La herpetofauna terrestre de Federico Román se encuentra intacta.

Comunidades Humanas

Nueva Esperanza, el asentamiento más antiguo de Federico Román, es la capital provincial y municipal, mientras que la joven comunidad de Arca de Israel (formada en el 2000) es el asentamiento más grande en la provincia. Las otras tres comunidades son La Gran Cruz, Puerto Consuelo, y Los Indios (un campamento maderero y aserradero). La actual densidad humana es baja, principalmente por la lejana ubicación e inaccesibilidad de la provincia. Es relativamente reciente el hecho que los inmigrantes de la región conformen todas las comunidades: la fiebre del oro atrajo una ola de inmigrantes, en su mayoría del Beni, a fines de los años 70 hasta principios de los 90. La segunda ola vino de las alturas, en el 2000, a crear una comunidad religiosa.

La horticultura de tala y quema, la cosecha de castañas, la crianza de ganado a pequeña escala y la pesca conforman la economía local. La mayor parte del comercio es con Brasil. La falta de conocimiento del ecosistema y la motivación para colonizar representan serios retos para la conservación. Aún así las fortalezas que pueden servir como una base sólida para colaboraciones locales incluyen un interés y entusiasmo general para implementar estrategias económicas de bajo impacto, la existencia de organizaciones voluntarias e instituciones sociales que puedan asociarse para los esfuerzos de conservación, y una estructura organizada de gobierno municipal que pueda ejercer autoridad, organizar a los participantes y hacer cumplir los acuerdos.

Amenazas principales	La lejanía ha mantenido a la región bien protegida, pero están apareciendo la extracción diseminada de madera, la transformación del bosque en pasturas ganaderas, y los campos recientemente cultivados de forma sigilosa. La cacería impone una amenaza con el crecimiento de los pueblos en el vecino país de Brasil; las incursiones ya son frecuentes. El mercurio, que todavía es utilizado para el procesamiento del oro en el río Madera, amenaza la vida acuática.
Principales recomendaciones para la protección y manejo	1) *Crear una reserva de vida silvestre—Reserva Nacional de Vida Silvestre Federico Román* — que incluya el Área de Inmovilización así como grandes bloques de bosque alto e intacto de tierra firme localizados inmediatamente hacia el sur y hacia el oeste (ver la Figura 2). 2) *Colaborar con la armada boliviana para proporcionar un eficiente control contra incursiones dentro de las áreas;* entrenar personal en los puestos militares para apoyar las metas de conservación. 3) *Colaborar con las comunidades locales y con los dueños de las concesiones madereras para expandir las áreas de conservación dentro de las concesiones y para mejorar el manejo del bosque.* 4) *Convertir concesiones madereras inactivas en concesiones de aprovechamiento de productos no maderables.* 5) *Promover acuerdos internacionales con Brasil* para controlar la cacería ilegal en la nueva reserva de vida silvestre y para explorar las posibilidades de proteger la pequeña franja de bosque que permanece hacia el norte del río Abuna, en Brasil, como una zona de amortiguamiento de la nueva reserva.
Beneficios para la conservación a largo plazo	Una nueva área de conservación de importancia global, protegiendo comunidades naturales del escudo Brasileño que son únicas en Bolivia y que están desapareciendo rápidamente en Brasil (ver la Figura 2). Protección de comunidades esencialmente intactas de plantas de la Amazonía occidental con una alta diversidad de hábitats y una composición extremadamente rica en especies, la más alta en Bolivia para varios organismos. Comunidades humanas beneficiándose de su asociación con un paisaje forestal que se complementa de lleno con las comunidades de plantas y animales nativos; colaboraciones con comunidades locales interesadas en el desarrollo e implementación de planes de conservación y manejo de la nueva reserva y de las áreas adyacentes.

¿Por qué Federico Román?

El Escudo Brasileño, una enorme y prehistórica formación geológica, se extiende hacia el oeste desde Brasil, debajo del Río Madera—formando las espectaculares cachuelas del Madera—y hacia la esquina más nororiental de Bolivia. Ahí, el paisaje de pobre drenaje que esta roca subyace es muy fácil de distinguir en la imagen satélite (Figura 2) y comprende las 287 millas cuadradas, o 74.335 hectáreas, del Área de Inmovilización Federico Román (literalmente un área inmobilizada por encontrarse a la espera de una designación final para el uso de sus tierras). Aunque los bosques secos y las sabanas cubren la mayor parte del Escudo Brasileño, esta esquina de roca prehistórica en Pando está cubierta por hábitats únicos que son mucho más húmedos. Estas comunidades de vegetación ocurren en ninguna otra parte de Bolivia—con la excepción de pequeños fragmentos en el vecino Departamento del Beni—y están desapareciendo rápidamente y transformándose en ranchos ganaderos de corta duración (Figuras 2, 3). La meta de nuestro inventario rápido fue recopilar la información biológica y sociológica necesaria para apoyar la conservación a largo plazo de estas comunidades únicas.

Esta remota región, en su mayoría intacta e inhabitada, es donde también permanecen los bosques altos más diversos de Pando. La proximidad y mezcla de especies del Escudo Brasileño y de la cuenca Amazónica Central resultan en una alta riqueza de especies de comunidades de plantas y animales, incluyendo numerosas especies que no pueden ser encontradas en alguna otra parte de Pando o de todo Bolivia, y que son más típicas del lado este del río Madera.

Aunque Federico Román se encuentra escondido en esta remota región de Bolivia, cuyo acceso esencialmente es sólo por río, la presencia humana está aumentando, especialmente en el vecino país de Brasil, repleto de caminos, ganadería y asentamientos. Pero las comunidades naturales globalmente significativas, en este espectacular rincón de Pando, todavía pueden conservarse intactas. De la misma manera, las comunidades humanas locales se encuentran listas y dispuestas a manejar una nueva área de conservación en su región, que sería la Reserva Nacional de Vida Silvestre Federico Román.

BOLIVIA: Pando, Federico Román

FIG.2 Ríos, asentamientos y sitios de los inventarios biológicos rápidos en el noreste de Bolivia y colindante Brasil, en una imagen satélite de agosto del 2001. Los pequeños recuadros con letras corresponden a las fotografías mostradas a la derecha. Los colores naranja, marrón, y verde indican la presencia de bosque. Azul claro (principalmente en el lado brasileño de la frontera) indica deforestación. Toda el área boliviana mostrada debería ser protegida como reserva de vida silvestre

FIG.2A Vista desde el campamento de inventario Piedritas a través del ancho río Madera (llamado Rio Madeira en Brasil). View from the Piedritas inventory camp across the wide Madera River (called the Rio Madeira in Brazil).

FIG.2B Vista aérea de los bosques altos de terraza (tierra firme) y bajos de llanura (sartenejal) cerca del sitio de inventario Manoa. Aerial view of tall upland (terra-firme) and short, lowland (sartenejal) forests near the Manoa inventory site.

FIG.2C Antiguo camino maderero atravesando el bosque de tierra firme de alta calidad con árboles emergentes en el sitio de inventario Caimán. Old logging road though high-quality terra-firme forest with emergent trees at the Caimán inventory site.

FIG.2D Vista aérea del reciente asentamiento comunal de Arca de Israel, a orillas del río Madera. Aerial view of the recent, communal settlement of Arca de Israel, on the bank of the Madera River

FIG.2E Los bosques del lado brasileño de la frontera están siendo rápidamente transformados en pasturas para ganadería y en descampados como éste. Forests on the Brazilian side of the border are rapidly being transformed into cattle pastures and open lands, such as this.

Recuadro/Inset:
Localización de la imagen satélite en América del Sur. Location of satellite image in South America.

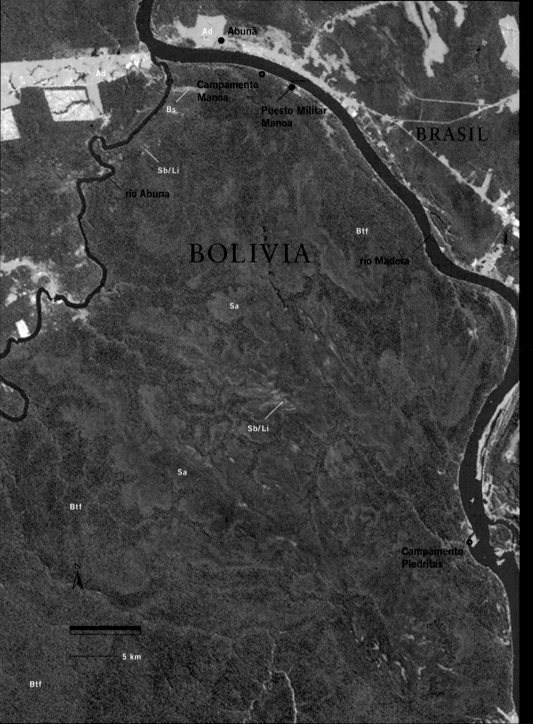

Ad
Abunã
Ad
Campamento
Manoa
Bs
Puesto Militar
Manoa
BRASIL
Sb/Li
río Abuna
Btf
BOLIVIA
río Madera
Sa
Sb/Li
Sa
Btf
N
Campamento
Piedritas
5 km
Btf

FIG.3

Área de Inmovilización Federico Román:

Diversidad de hábitats únicos/
Diversity of unique habitats

Los bosques altos de terraza (tierra firme) con árboles grandes tienen una textura más gruesa que los bosques bajos de sartenejal en esta imagen satélite; estos hábitats juntos comprenden la mayor parte de la superficie del área mostrada en la imagen. Los bosques de *Scleria* y las pampas (o lajas) inundadas se encuentran dispersas a través de la porción noroeste de esta imagen. Taller upland (terra-firme) forests with large trees have a coarser texture in this satellite image than do the shorter sartenejal forests; together these habitats comprise the majority of the surface area shown in the image. The *Scleria* forests and wet pampas (or lajas) are scattered across the northwestern portion of the image.

Recuadro/Inset:
Localización de esta imagen.
Location of this close-up image.

BRASIL
BRASIL
río Abuna
BOLIVIA
río Madera

GUÍA DE LOS COLORES DE HÁBITATS EN LA IMAGEN SATÉLITE/GUIDE TO HABITAT COLORS IN THE SATELITE IMAGE.

Bosque de tierra firme (Btf)
Terra-firme forest

Sartenejal alto (Sa)
Tall sartenejal forest

Sartenejal bajo/Lajas o pampas inundadas (Sb/Li)
Low sartenejal forest/Wet lajas or pampas

Bosque de *Scleria* (Bs)

FIG.4A Vista aérea de una pampa (o laja) inundada, generada por condiciones de suelo o lecho de roca, al suroeste del sitio de inventario Manoa. Aerial view of a wet pampa, or laja, generated by soil or bedrock conditions, southwest of the Manoa inventory site.

FIG.4B Raíces zancos de *Symphonia globulifera* (Clusiaceae), que domina algunos pantanos de aguas blancas en el sitio de inventario Piedritas. Stilt roots of *Symphonia globulifera*

FIG.4C Árboles individuales asoman a través de una manta sofocante de enredaderas cortantes (*Scleria*) para formar un dosel irregular de bosque en el sitio de Manoa. Individual trees poke through a smothering blanket of razor-sedge vines (*Scleria*) to form the irregular canopy at the Manoa site.

FIG.4D El denso interior del bosque de sartenejal es difícil de penetrar para los humanos y sirve de refugio a las especies silvestres. The dense interior of sartenejal forest is difficult

A

B

C

Registramos 821 especies de plantas vasculares, y estimamos un número total de 1.200 en la región. We registered 821 species of vascular plants during the inventory, and estimate a regional total of 1200.

FIG.5A Frutos de una *Mollinedia* sp. (Monimiaceae), un árbol común en el bosque del sitio de inventario Manoa. Fruits of a *Mollinedia* sp. (Monimiaceae), a common tree in forests at the Manoa inventory site.

FIG.5B Extraños y largos frutos de *Chaunochiton* sp. (Olacaceae), una especie de árbol raramente encontrada en Pando. Strange, large fruits of a *Chaunochiton* sp. (Olacaceae), a tree species rarely encountered in Pando.

FIG.5C Posiblemente una nueva especie para Bolivia, esta *Spathelia* sp. (Rutaceae) crece de la misma forma que las palmeras y es monocárpica (florece una sola vez y luego muere). Likely a new species for Bolivia, this *Spathelia* sp. (Rutaceae) has a growth form like a palm and is monocarpic (flowers only once, then dies).

FIG.5D Frutos inmaduros de *Diospyros* (Ebenaceae), el género de la madera ébano. Unripe fruits of *Diospyros* (Ebenaceae), a wild persimmon.

FIG.5E *Hirtella* (Chrysobalanaceae) floreciendo en el sitio de Caimán. *Hirtella* (Chrysobalanaceae) in flower at the Caimán site.

D

E

El Área de Inmovilización y los bosques adyacentes de tierra firme son un refugio crítico para poblaciones saludables de muchas especies de mamíferos y aves, algunas de las cuales no pueden ser halladas en alguna otra parte de Bolivia. The Área de Inmovilización and adjacent terra-firme forests are a critical refuge for healthy populations of many species of mammals and birds, some of which are found nowhere else in Bolivia.

FIG.6A, B *Micrastur gilvicollis* y *Pteroglossus castanotis* estuvieron entre las 412 especies de aves que registramos en los sitios de inventario. *Micrastur gilvicollis* and *Pteroglossus castanotis* were among the 412 species of birds we registered at the inventory sites.

FIG.6C *Tangara gyrola*, en los bosques de tierra firme en el sitio de Caimán, es un nuevo registro para Pando. *Tangara gyrola*, in the terra-firme forests at the Caimán site, is a new record for Pando.

FIG.6D El mono nocturno (*Aotus* sp.) es una de las 10 especies de primates que registramos durante el inventario. The night-monkey (*Aotus* sp.) is one of the 10 species of primates we recorded during the inventory.

FIG.6E Las antas (*Tapirus terrestris*) son comunes, siendo esto un indicativo de baja presión de caza. Tapirs (*Tapirus terrestris*) are common, indicating low hunting pressure.

Presencia humana en la región de
Federico Román/Human presence in
the Federico Román region

FIG.7A Minería de oro, como la de este
yacimiento cerca de Nueva Esperanza,
atrajo a mucha gente a la región en
la década del 70. Gold mining, as
in these pits near Nueva Esperanza,
drew many people to the region in
the 1970s.

FIG.7B Áreas deforestadas, una
autopista mayor y un transbordador
cruzando el río Madera son imágenes
características del lado brasileño de
la frontera. Deforested land, a major
highway, and a ferry crossing at
the Madera River characterize the
Brazilian side of the border.

FIG.7C Colonos que llegaron recientemente a la localidad de Arca de Israel
muestran sus textiles tradicionales,
tejidos utilizando el estilo altoandino.
Recent colonists at Arca de Israel
show off their traditional textiles,
woven in the Andean highland style.

FIG.7D Tareas para dos generaciones
en Nueva Esperanza, la capital de
la provincia. Homework for two
generations at Nueva Esperanza,
the provincial capital.

FIG.7E El horneado de pan y la
elaboración de ladrillos son dos
de las industrias artesanales en
Nueva Esperanza. Bread-baking and
brick-making are two cottage indus-
tries at Nueva Esperanza.

Panorama General de
los Resultados

VEGETACIÓN Y FLORA

El inventario se realizó del 13 al 25 de julio del 2002, en el Área de Inmovilización Federico Román y los bosques adyacentes del este de Pando, en el noreste boliviano. El Área de Inmovilización comprende series muy distintas de hábitats y su perfil es claramente visible incluso en imágenes satelitales (Figura 2). Las extensas áreas de suelos mal drenados e inundados temporal o permanentemente, y los raros bosques y vegetación abierta que crecen en estos suelos, se deben probablemente a la capa superficial subyacente de roca asociada con la extensión oeste del Escudo Brasileño (Figuras 3 y 4).

Trabajamos en tres sitios de muestreo. El sitio Caimán se encontraba en los bosques bien drenados de planicie, inmediatamente al sur del Área de Inmovilización, superpuesto por dos concesiones madereras. El sitio Piedritas se encontraba en la ribera oeste del río Madera, en el centro del Área de Inmovilización, con un hábitat de bosque de tierra firme bien drenado y extensos hábitats sobre suelos inundados temporal o permanentemente. El último sitio, Manoa, se encontraba en el extremo norte del Área de Inmovilización, junto a la confluencia de los ríos Madera y Abuna. Al igual que el sitio Piedritas, estaba cubierto mayormente de bosques sobre suelos pobres, estacionalmente inundados, incluyendo sartenejales, bosques pantanosos, y riberas anegadas, al igual que un inusual bosque cubierto de enredaderas cortantes.

Durante los 12 días de nuestro trabajo de campo registramos 821 especies de plantas vasculares (Apéndice 1), y estimamos un número total de 1200. De éstas, varias parecen ser especies no registradas anteriormente en Bolivia. Incluían, por ejemplo *Brosimum potabile* (Moraceae) de 45 m de altura, una *Spathelia* (Rutaceae) monocárpica, y *Parkia ignaefolia* (Fabaceae) de tallos largos tipo caña de pescar. Registramos y recolectamos también especies de *Jacaranda* (Bignoniaceae), *Tococa* (Melastomataceae), *Cariniana* (Lecythidaceae), y una *Tachigali* (Fabaceae) no monocárpica, las cuales podrían representar nuevas especies para Pando o Bolivia, cuando se realice la determinación correcta de los especímenes del herbario y se encuentren disponibles. Dos de las especies más observadas y recolectadas, *Pseudima frutescens* (Sapindaceae) y *Chaunochiton* sp. (Olacaceae) son poco comunes y rara vez han sido colectadas en Pando.

La mayoría de los nuevos registros de plantas vasculares para Bolivia y Pando fueron encontrados dentro de los límites del Área de Inmovilización en sí, debido a los hábitats únicos del lugar, que no se encuentran en alguna otra parte de Bolivia. Otros hábitats similares en Brasil, al norte del río Abuna y al este del río Madera están siendo destruidos debido a la transformación en pastos temporales para la ganadería y agricultura. En contraste, los sartenejales, los bosques pantanosos, el bosque de malezas cortantes (*Scleria*), y los bosques de tierra firme ligeramente talados dentro y alrededor del Área de Inmovilización se encuentran en muy buenas condiciones y representan una gran oportunidad para la conservación.

Las especies de plantas vasculares de los bosques de tierra firme en suelos bien drenados adyacentes al Área de Inmovilización son por lo general típicas de otros bosques del centro y oeste de Pando. Sin embargo, los bosques de tierra firme inmediatamente al sur y oeste del Área de Inmovilización tienen ciertas características significativas para la conservación: 1) ocurren en varios bloques grandes e intactos, con pocos caminos y prácticamente sin pobladores humanos permanentes; 2) tan sólo talados ligeramente desde hace tres décadas, parecen estar presentes todas las especies originales de plantas vasculares; y 3) cuentan todavía con muchos árboles grandes y emergentes (Figura 2C), un subdosel en su mayor parte continuo y una vegetación de sotobosque saludable que puede producir un constante flujo de alimentos y productos útiles para los mamíferos, aves, y también humanos, de ser esto manejado de una forma ecológicamente sostenible.

ANFIBIOS Y REPTILES

Registramos 44 especies de reptiles (19 culebras, 20 lagartijas, 3 crocodílidos, 2 tortugas) y 39 especies de anfibios (todos ranas) de los tres sitios en Federico Román (Apéndice 2). Una vez resueltos los problemas sistemáticos y las identificaciones tentativas, estos totales podrían verse ligeramente modificados. Sospechamos que todas las especies detectadas se encuentran en microhábitats apropiados en toda la región; además, ya que hicimos el muestreo durante la temporada seca, fue oportunista encontrar una especie particular en un sitio determinado. Por lo tanto, no pensamos que sea fructífero evaluar o comparar cada sitio muestreado por separado. A pesar de las diferentes composiciones de especies en la muestra de cada sitio, se encontraron cifras totales comparables de culebras, lagartijas, y ranas en los tres sitios: Caimán (10 culebras, 10 lagartijas, 23 ranas), Piedritas (9, 9 y 25 especies, respectivamente) y Manoa (10, 12 y 20 especies, respectivamente). Las diferencias entre el sitio de concesión forestal (Caimán) y los dos sitios dentro del Área de Inmovilización (Piedritas y Manoa) probablemente reflejan la naturaleza de los métodos de muestreo, los breves períodos de muestreo y el efecto desalentador de la temporada seca sobre la actividad de anfibios y reptiles en general. Consideramos que la totalidad de la muestra es representativa de la herpetofauna en los tres sitios.

En base a otras herpetofaunas bien conocidas en la Amazonía sudoccidental, estimamos que nuestro inventario muestreó alrededor de la mitad de las especies de ranas y la mitad de las especies de reptiles que se podrían esperar de la región. El efecto del muestreo durante la temporada seca fue más notorio en relación a las ranas detectadas en nuestro inventario. La actividad de las ranas era baja, evidenciada por el canto de unas pocas especies y por los escasos individuos de cada especie activa.

La mayoría de las especies en nuestro inventario demuestran una gran afinidad con las herpetofaunas de la Amazonía, particularmente con las del suroeste amazónico (sureste del Perú, norte de Bolivia). Sin embargo, la presencia de *Leptodactylus labyrinthicus* (Leptodactylidae) y —pendiente la resolución de las dificultades taxonómicas— de *Bufo granulosus* (Bufonidae) y *Leptodactylus chaquensis/ macrosternum* sugiere que algunas especies de la herpetofauna de Federico Román constituyen elementos de formaciones más abiertas hacia el sur. Reportamos los primeros registros de varias especies para Bolivia, aunque éstas se esperaban en base a otros registros de distribución cercanos, en Brasil o Perú: *Dendrobates quinquevittatus* (Dendrobatidae), *Anolis* cf. *transversalis* (Iguanidae, identificación tentativa) y *Uranoscodon superciliosus* (Iguanidae). Ninguna especie de nuestra muestra es particularmente notable en términos de prioridad de conservación, pero la región probablemente alberga una herpetofauna terrestre intacta (se requiere un estudio adicional de las tortugas de río y los crocodílidos). El mantener intacta la comunidad de herpetofauna presente debe constituir el enfoque de los esfuerzos de conservación.

AVES

Nuestro equipo de ornitólogos registró 412 especies de aves en los tres campamentos juntos (Figura 6). En el Campamento Caimán registramos 300 especies (además de 19 especies encontradas únicamente en los alrededores de la comunidad de Nueva Esperanza); en Piedritas registramos 284 especies; y en el Campamento Manoa registramos 299 especies. Cada sitio tiene una avifauna única, pero Piedritas y Manoa tienen una avifauna más similar entre sí que la de Caimán. Registramos 46 especies exclusivamente en el Campamento Caimán, 23 exclusivamente en Piedritas, y 29 en Manoa. Cuarenta y dos especies presentes en Piedritas y Manoa no fueron registradas en Caimán. La mayoría de las aves encontradas en Caimán y que no fueron encontradas en los otros dos sitios son características del bosque de tierra firme. En contraste, los elementos dominantes encontrados únicamente en

Piedritas y/o Manoa son especies asociadas con los ríos y las orillas de los mismos, en los bosques de baja estatura o en los bosques pantanosos.

La región estudiada está ubicada en el borde extremo oriental de la Amazonía suroeste. Existe un número de especies de aves restringido a la Amazonía suroeste, pero esta diversidad es sustancialmente mayor más hacia el oeste de la Amazonía. En nuestro estudio encontramos apenas nueve especies de rangos relativamente restringidos en la Amazonía suroeste (y Parker registró cuatro especies adicionales en Federico Román en 1992; Parker y Hoke 2002). A pesar de la ubicación de Pando en la Amazonía suroeste, encontramos —al igual que Parker en 1992— 13 especies que de otra forma están limitadas al este del río Madera en un lugar tan al sur como éste en la Amazonía. Así, la avifauna en Federico Román muestra indicios de una mezcla de elementos biogeográficos.

Aunque es típica de la fauna amazónica selvática, la avifauna de Federico Román es significativamente distinta a la encontrada en otros lugares de Pando. La lista de Federico Román contiene al menos 72 especies no conocidas de Manuripi y por lo menos 160 no registradas en los bosques al oeste de Cobija. La avifauna en Federico Román es probablemente también la más diversa de Bolivia, con más de 500 especies. Su ubicación a lo largo de la frontera norte boliviana, en el corazón de la Amazonía, significa que probablemente queden aún por encontrar especies nuevas para el país. Registramos por lo menos cuatro especies nuevas para Bolivia durante nuestro inventario.

A pesar de las significativas poblaciones humanas del lado brasileño de los ríos Madera y Abuna, había poca evidencia de caza en cualquiera de los sitios estudiados, y habían poblaciones numerosas de grandes aves de caza, incluyendo perdices, pavas y trompeteros. Las poblaciones de loros en Federico Román también parecen ser muy saludables.

MAMÍFEROS GRANDES

Hicimos un inventario de mamíferos grandes en períodos de tres a cuatro días en cada uno de los tres sitios (Caimán, Piedritas, y Manoa) del 13 al 25 de julio del 2002. Encontramos una alta densidad y riqueza de especies de mamíferos grandes en Federico Román, en comparación con otros bosques en Pando, Bolivia, y otros lugares de la Amazonía: de un total de 51 especies de mamíferos grandes esperados para el área, registramos 39, y cinco especies de mamíferos pequeños (que no constituían objetivos específicos de los muestreos). Los sitios Caimán y Piedritas mostraron un mayor número de especies (30 cada uno), seguido por el sitio Manoa (27).

Entre éstas especies, una gran cantidad fue registrada de manera visual, indicando una alta densidad de la mayoría de estos mamíferos. Encontramos una alta densidad de los animales normalmente abundantes pero generalmente apreciados por su carne, como el jochi (*Dasyprocta* sp.), la paca o jochi pintado (*Agouti paca*), y los chanchos (*Tayassu tajacu* y *T. pecari*). Otros mamíferos grandes de carne apreciada que normalmente no son muy frecuentes también se encuentran en densidades esperadas, como es el caso del manechi (*Allouata sara*), marimono (*Ateles chamek*), y anta (*Tapirus terrestris*). Frecuentemente, estas especies son las primeras en disminuir en densidad debido a perturbaciones humanas, entonces éste es un buen indicador que el bosque está en buen estado y que la cacería es mínima. Poblaciones de estas especies en particular se encuentran notablemente saludables en los sitios de Piedritas y Manoa, donde no había presencia humana permanente. Confirmamos también la presencia de zorro de monte (*Atelocynus microtis*) en el área.

Así, el área de Federico Román en general es de alto interés biológico para la conservación por su gran densidad de especies amenazadas por la cacería y por su alta riqueza de especies de primates. El área cuenta con 10 especies de primates, representando ocho géneros. Hay algunas áreas en Pando con un número mayor de especies de primates; pero Federico Román tiene una riqueza alta, especialmente en comparación con otros lugares amazónicos. En general, los primates y algunos otros mamíferos eran muy mansos, indicando una buena posibilidad para avances de investigación sobre estas especies en cuanto estudios de comportamiento en sus hábitats forestales.

Especies de objeto de conservación e investigación serían el manechi (*Allouata sara*) por su endemismo en Bolivia y por el poco conocimiento sobre su biología, y el marimono (*Ateles chamek*), por encontrarse en peligro debido a la alta cacería en otros lugares. También de interés investigativo sería el parabacú (*Pithecia irrorata*), del cual no se conoce mucho sobre su ecología y comportamiento social; el *Callicebus* sp., cuya presencia sólo fue registrada a través de vocalizaciones; y los jochis (*Dasyprocta* spp.), incluyendo el jochi pardo (*Dasyprocta variegata*), pero podría incluir además un jochi negro (*D. fuliginosa*) no registrado anteriormente en Bolivia o que podría constituir una especie nueva para la ciencia.

También el bufeo es de interés para la conservación e investigación ya que podría tratarse de la especie *Inia boliviensis*, debido a que no estamos seguros si los individuos pertenecen o no a esta especie endémica a la región o a la más común *Inia geoffrensis*. Otra especie del género *Sciurus* (ardilla), merece también estudios mas detallados debido a las variaciones en cuanto a su tamaño y coloración que no concuerdan con las especies conocidas o esperadas para el área.

Considerando los mamíferos grandes, recomendamos la conservación del área inventariada de Federico Román, incluyendo el área dentro y cerca de las actuales concesiones madereras. Son bosques de alta riqueza de especies de primates y poblaciones saludables probablemente de todos los mamíferos grandes para la Amazonía oeste. Actualmente, existe una baja presión de cacería, a pesar de la considerable presencia humana en el vecino país del Brasil.

COMUNIDADES HUMANAS

La Provincia de Federico Román, Municipio de Nueva Esperanza contiene el Área de Inmovilización muestreada. Existen cinco asentamientos en el Municipio, dos de los cuales cuentan con personería jurídica. Nueva Esperanza es la capital provincial y municipal, y es el asentamiento más antiguo de la región (conformado a fines de la década de los setenta), mientras que Arca de Israel es la comunidad más grande, a pesar de su corta existencia (constituido en el 2000). La baja densidad poblacional se debe principalmente a su ubicación tan remota en la provincia y a su difícil acceso debido a las malas condiciones de los caminos existentes y a los problemas de navegación que presentan los rápidos del río Madera. Las otras tres comunidades del municipio son La Gran Cruz, Puerto Consuelo, y Los Indios (un campamento maderero y aserradero).

El perfil histórico de las comunidades indica que aún cuando existen diferencias significativas entre las mismas, todas están compuestas de gente que ha migrado hace relativamente poco a la región. Algunos de estos colonos llegaron del Beni a fines de la década de los setenta hasta principios de los noventa, atraídos por la fiebre de oro en la región, mientras que otros bajaron del altiplano boliviano en el 2000 para crear una comuna religiosa. Todos llevan a cabo una agricultura de tala y quema, recolección de castañas, ganadería a pequeña escala, y pesca. Casi toda la actividad comercial está dirigida hacia Brasil, donde la gente aprovecha el camino asfaltado para llegar hasta Guajará-Mirim y Guayaramerín, donde se encuentran los mercados principales.

La falta de conocimientos extensos sobre el ecosistema y la tendencia de explotar intensivamente los recursos naturales son factores limitantes para fomentar usos de bajo impacto de los recursos naturales y estrategias para la subsistencia orientada a la conservación. Sin embargo, hay ciertas ventajas sociales claves que pueden convertirse en base para los esfuerzos de colaboración local y manejo participativo.

Éstas incluyen: 1) una actitud en general de interés y entusiasmo de querer implementar estrategias económicas de bajo impacto y en beneficio de la conservación; 2) la existencia de organizaciones voluntarias e instituciones sociales que pueden ser contrapartes en los esfuerzos de conservación; y 3) una estructura organizada y activa de gobierno municipal (incluyendo grupos ciudadanos de monitoreo) que puede ejercer autoridad para hacer cumplir los acuerdos y para organizar a los participantes.

La comunidad de Araras, en el Estado de Rondônia, Brasil, también está vinculada a la comunidad de Nueva Esperanza a través de actividades económicas y sociales. La gente de Araras y sus vecinos en las comunidades circundantes comercian con los bolivianos, y aparentemente se dedican a actividades auríferas, cazan, y pescan en el lado boliviano.

AMENAZAS

Debido a sus suelos pobres y a su remota ubicación, el Área de Inmovilización Federico Román no ha sido hasta la fecha objeto de las amenazas asociadas típicamente con las áreas silvestres de los trópicos. No atraviesa ninguna carretera principal y poca gente vive en el área o en sus alrededores. Sin embargo, la situación está cambiando: las poblaciones humanas están creciendo en esta zona de Bolivia y al otro lado de los ríos Abuna y Madera, en Brasil.

Las principales amenazas al Área de Inmovilización Federico Román son la extensa tala de árboles, la creación de pastos para ganado, y el establecimiento de campos cultivados. La eliminación parcial del dosel del bosque resulta también en una pérdida de humedad en general de los microhábitats forestales, lo que perjudicaría gravemente a algunos anfibios. La eliminación del dosel en el bosque y la destrucción del hábitat son claras posibilidades evidentes: 1) si la zona no es declarada Reserva Nacional de Vida Silvestre (o su equivalente), para garantizarle una protección formal y correcta; 2) si tiene lugar una colonización desorganizada de grandes cantidades de personas no familiarizadas con la ecología de la zona (como se propone la comunidad Arca de Israel); y 3) si las comunidades locales no son involucradas en el desarrollo y la implementación de los planes de conservación y manejo para la reserva.

Otra amenaza—de particular importancia en relación con los grupos de mamíferos y aves en el Área de Inmovilización—es la cacería. Ya han habido incursiones consistentes por parte de cazadores de Brasil y la presión de la cacería probablemente aumentará con el creciente número de humanos que habitan en la zona y que buscan nuevas áreas para la cacería al ir destruyéndose los bosques del lado brasileño del río.

El mercurio utilizado para procesar el oro en las dragas del río Madera amenaza al bufeo (*Inia* sp.) y demás vida acuática. La contaminación por ruido asociada a los vehículos que utilizan la carretera del lado brasileño del río Madera podría causar un efecto negativo sobre varios animales, en particular los felinos (Felidae).

Los siguientes constituyen los principales objetos de conservación para el Área de Inmovilización Federico Román y las zonas adyacentes del noreste de Pando, debido 1) a su rareza global o regional, o 2) a la importancia de mantener la diversidad de especies nativas y los procesos de los ecosistemas.

Grupo de Organismos	Objetos de Conservación
Comunidades Silvestres	La formación del Escudo Brasileño: los bosques de sartenejales y otros tipos de bosques bajos y vegetación abierta en suelos mal drenados e inundados estacionalmente del Escudo Brasileño, como lajas húmedas, pantanos de *Symphonia*, y bosques de *Scleria*. Grandes bloques de bosque de tierra firme en buenas condiciones. Lajas secas y otros hábitats especiales.
Plantas	Especies con rangos limitados para Bolivia o Pando, p. ej., *Brosimum potabile* (Moraceae), *Pseudima frutescens* (Sapindaceae), *Syngonanthus longipes* (Eriocaulaceae), y algunas especies de *Spathelia* (Rutaceae). Plantas importantes para la vida silvestre, p. ej., leguminosas (Fabaceae), higos y relativos (Moraceae), castañas y relativos (Lecythidaceae), y palmas. Poblaciones saludables de especies de valor comercial.
Reptiles y Anfibios	Una comunidad de herpetofauna terrestre intacta, al igual que regímenes intactos de humedad, luz, y de temperatura del sotobosque, hojarasca y superficie del suelo. Poblaciones regionales de crocodílidos y tortugas de río.
Aves	Grandes aves de caza, especialmente poblaciones de perdices, crácidos, y trompeteros; y loros. Aves de bosques de tierra firme. Aves de bosques bajos que se inundan estacionalmente. Aves endémicas del sureste amazónico.
Mamíferos	Manechis (*Allouata sara*), endémicos a Bolivia. Marimonos (*Ateles chamek*), los cuales han sufrido la presión de la cacería en otros lugares dentro de su rango. Primates en general. El bufeo (o boto, o delfín rosado; *Inia boliviensis*), posible especie endémica y población aislada. Mamíferos grandes comúnmente cazados, como los chanchos troperos (*Tayassu pecari*) y las antas (*Tapirus terrestris*).
Communidades Humanas	Recolección de castañas, cosecha de frutos de palmera (en especial *Euterpe*), recolección de hierbas medicinales, y uso sostenible de bajo impacto de otros productos no maderables del bosque. Parcelas para horticultura a pequeña escala (1-3 ha) con cultivos diversos y períodos largos de reposo del suelo, para uso de subsistencia. Mejor manejo de pequeños animales domésticos para consumo local.

Nuestras observaciones, junto con las realizadas en el anterior inventario biológico rápido realizado en la región (Montambault 2002), indican claramente que los sartenejales y otros bosques bajos del Área de Inmovilización Federico Román son hábitats de importancia regional y nacional que merecen protección a largo plazo. Los bosques bien drenados de tierra firme alrededor del Área de Inmovilización también merecen protección a largo plazo ya que albergan grandes poblaciones saludables de aves y especies de mamíferos, de las cuales varias están amenezadas o en peligro a nivel global.

Una gran reserva nueva protegería a una amplia gama de estos hábitats, incluyendo varios que no se encuentran en algún otro lugar de Bolivia y que están desapareciendo rápidamente en el vecino país de Brasil (Figura 2). Hay un gran potencial para la creación de una reserva biológica grande, debido a las siguientes razones:

1) **El Área de Inmovilización, de 74.335 hectáreas (287 millas cuadradas), está disponible para la recategorización con fines de conservación.**

2) **La nueva reserva servirá de forma permanente como un importante refugio para la diversidad de plantas y animales.** En contraste, ni la agricultura ni la ganadería podrían tener éxito por más de unos cuantos años en la región debido a que los suelos son pobres en la mayor parte del Área de Inmovilización.

3) **Una vez completada la leve tala de las especies maderables más valiosas dentro de las concesiones madereras cercanas al Área de Inmovilización, sería posible convertirlas en concesiones de conservación** que protejan la vida silvestre, generando al mismo tiempo ciertos ingresos para los presupuestos municipales y prefecturales.

4) **Las pequeñas poblaciones humanas dentro del Área de Inmovilización Federico Román permiten el tiempo suficiente para la planificación cuidadosa del uso de la tierra, evitando así conflictos entre el desarrollo y la conservación.**

5) **Los pobladores locales muestran interés y emoción en cuanto a la implementación de estrategias económicas de bajo impacto y orientadas a la conservación, y existen organizaciones civiles que pueden organizar a los participantes y hacer cumplir las decisiones.** Por ejemplo, los pobladores de Nueva Esperanza que participan en la Asociación Social del Lugar (ASL) desean involucrarse activamente en el manejo de los bosques circundantes.

6) **La recolección de castañas constituye una potencial fuente de ingresos sostenibles para los pobladores del área,** pero el precio es demasiado bajo para apoyar la recolección. Suplementos a los precios o medios alternativos de comercializar castañas desde la región proveerían una fuente de ingresos para los pobladores locales, altamente compatible con la diversidad del bosque.

RECOMENDACIONES

A pesar de la gran variedad de organismos que inventariamos, fue fácil alcanzar un consenso en nuestras recomendaciónes. Preveemos un futuro en el que pequeñas pero prósperas comunidades humanas se benefician de su asociación con paisajes de bosque, complementándose de lleno con especies nativas de animales y plantas. Las oportunidades únicas presentes en Federico Róman sugieren las siguientes acciones:

Protección y manejo

1) **Establecer un nueva reserva (Reserva Nacional de Vida Silvestre Federico Román) que incluya toda la actual Área de Inmovilización y grandes bloques de bosques de tierra firme relativamente intactos hacia el sur y oeste.** La designación de una extensa reserva con una buena representación de todos los tipos diferentes de bosque protegería una gran diversidad de hábitats, casi toda la impresionante variedad de aves, y a las poblaciones de mamíferos en peligro o amenazados a nivel regional y global.

2) **Trabajar con las comunidades locales y con las actuales concesiones madereras para desarrollar planes de manejo forestal ecológicamente compatibles que contemplen la conservación de la diversidad biológica al igual que las metas económicas comunales.**

3) **Trabajar con el puesto militar boliviano de Manoa para eliminar la cacería ilegal y la extracción maderera ilícita dentro del Área de Inmovilización.** La capacitación para el cumplimiento de los objetivos de conservación y otros recursos que permitan a los soldados patrullar el área servirán de metas de conservación y desarrollo sostenible a largo plazo.

4) **Promover los acuerdos internacionales con Brasil para controlar la cacería ilegal dentro del área nueva protegida, explorando la posibilidad de proteger una pequeña franja de bosque que queda al norte del río Abuna (en Brasil) como zona de amortiguamiento.**

Inventario adicional

1) **Llevar a cabo estudios cooperativos para inventariar los tipos de hábitat no visitados todavía,** incluyendo las lajas secas y húmedas, el peculiar bosque compuesto de una o más especies de árboles con copas densas, y otras variantes del bosque de sartenejal.

2) **Inventariar los pequeños mamíferos del área** que no pudieron ser estudiados durante el corto período en el que permanecimos en el campo.

3) **Realizar un intensivo mapeo participativo de los bienes** conducentes a estrategias, visiones, y capacidades comunitarias para asegurar una calidad de vida buena y sostenible para los humanos en el área, incluyendo a las comunidades de Araras y Abunã (al este del río Madera).

RECOMENDACIONES

Investigación

1) **Determinar las especies de varios mamíferos detectados durante el inventario,** incluyendo manechis (*Alouatta sara* o *A. seniculus*), soqui soquis (*Callicebus* sp.), ardillas (*Sciurus* sp.), jochis (*Dasyprocta* spp.), y delfín rosado, boto, o bufeo (*Inia boliviensis* o *I. geoffrensis*) que se encuentran en la región.

2) **Iniciar estudios a largo plazo de la herpetofauna en este lugar, a pequeña escala geográfica** (y a lo largo de la Amazonía) para comprender mejor las dinámicas de las poblaciones y las respuestas a cambios globales.

3) **Explorar los beneficios económicos, viables, a nivel nacional o departamental, de alentar al Municipio de Nueva Esperanza a designar una porción de sus tierras como Reserva Nacional de Vida Silvestre.**

Monitoreo

1) **Establecer datos de línea de base sobre la situación de la población de aves de caza y mamíferos grandes, y luego censar periódicamente a dichas poblaciones.** Estos datos podrán ser utilizados para determinar los umbrales de acción, para asegurarse que las poblaciones no se vean seriamente disminuidas o erradicadas debido a la cacería.

2) **Monitorear la recolonización natural de áreas quemadas en la parte norte del Área de Inmovilización Federico Román para determinar si los incendios tienen algún papel en la regeneración de los bosques de *Scleria*, sartenejales, o las lajas húmedas.** Estos hábitats se asemejan un poco a las pampas ubicadas más al sur y al este, en Bolivia y Brasil, donde los incendios juegan un papel importante.

Informe Técnico

DESCRIPCIÓN DE LOS SITIOS MUESTREADOS

Este inventario se realizó en el Área de Inmovilización Federico Román y en los bosques adyacentes inmediatamente al sur. El Área se encuentra en el suroeste amazónico.

El Área de Inmovilización tiene un tamaño de aproximadamente 74.335 hectáreas y comprende el rincón noreste de Bolivia. Bordeado por el gran río Madera* hacia el este y el pequeño río Abuna* hacia el norte (donde cada uno forma la frontera política con Brasil), el Área de Inmovilización se distingue claramente en las imágenes de satélite (Figura 2); su color azul verdoso en esta imágen se debe al pobre drenaje, presumiblemente debido a la capa superficial de roca subyacente asociada con el Escudo Brasileño, en contraste con las áreas mejor drenadas hacia el sur y oeste. Igualmente notable en la imágen de satélite es la franja irregular de color celeste que rodea al Área de Inmovilización y que representa las zonas deforestadas a lo largo del lado brasileño de la frontera.

Bosques de tierra firme, sobre suelos bien drenados, rodean al Área de Inmovilización Federico Román hacia el sur y oeste. Estos bosques aparecen de color cobrizo en las imágenes de satélite (Figura 2) y son contiguos a otros bosques similares hacia el suroeste, al norte del río Madre de Dios. Muestreamos este tipo de bosque en nuestro primer campamento, al sur de Nueva Esperanza.

Más al oeste del Área de Inmovilización se encuentra un tercer tipo de bosque, al oeste del río Negro. Los bosques de esta región aparecen como una mezcla de color verde y café claro en la imágen de satélite (Figura 2), con menos color naranja en comparación con los bosques altos adyacentes. No visitamos estos bosques en el terreno, pero nuestros sobrevuelos muestran que son más bajos en estatura, con más enredaderas o lianas que en los bosques altos adyacentes a los mismos.

El área muestreada tiene pocos caminos, siendo éstos en su mayoría de terracería y en malas condiciones, con ningún o pocos asentamientos hacia el

---

* En Brasil, estos ríos son conocidos como el Rio Madeira y el Rio Abunã.

interior. El transporte humano se lleva a cabo principalmente por bote a lo largo de los ríos.

El equipo del inventario biológico 2002 usó tres campamentos, todos con excepción del primero a lo largo del río Madera.

Campamento Caimán y sus inmediaciones (Campamento Uno Federico Román)

(10°13.57-13.60'S, 65°22.57-22.62'O en el campamento, en base a dos unidades GPS)
Establecimos el campamento a lo largo de un antiguo camino maderero, aproximadamente 15 km al sur de Nueva Esperanza, en el cruce de un pequeño arroyo. Este camino poco utilizado conecta a Nueva Esperanza (a 10°03.40'S, 65°19.99'O) con Arca de Israel, al sureste, al igual que algunos puntos al sur y occidente, con acceso a varios caminos y senderos antiguos. El bosque circundante, talado hace unos 30 años, al momento experimenta poca perturbación. Del 13 al 17 de julio del 2002, muestreamos los senderos del bosque y bordes de los caminos alrededor del campamento, y varios kilómetros hacia el oeste-suroeste (donde había una pequeña actividad de tala activa), al sureste (hasta el borde de Arca de Israel), y hacia el norte aproximadamente a 5 km a una serie diferente de senderos forestales.

Senderos al norte del Campamento Caimán – Establecimos transectos y muestreamos varios kilómetros de senderos al oeste del camino principal a Nueva Esperanza, en un patrón rectangular, terminando a 10°09.73'S, 65°22.83'O (hacia el noroeste) y 10°09.79'S, 65°21.56'O (hacia el sureste). Estos senderos atraviesan bosques de colina de crecimiento secundario, talados también hace unos 30 años y similares al bosque que rodea el Campamento Caimán. Hicimos también observaciones al paso, en camión, entre estos senderos al norte y Nueva Esperanza.

Campamento Piedritas y sus inmediaciones (Campamento Dos Federico Román)

(Aprox. 09°57.22'S, 65°20.23'O, basado en el mapa Telmo, 6564III, 1:50.000, 1985)
El campamento estaba ubicado sobre la ribera alta oeste del río Madera, aproximadamente 1 km al sur de la Cachuela Las Piedritas e inmediatamente al sur de un puesto militar abandonado y de un gran afloramiento de roca en la orilla del río. Un viejo sendero corría en dirección oeste a través del bosque hasta la orilla de un pequeño arroyo a 09°57.50'S, 65°20.50'O. En ese punto, un nuevo sistema de senderos recientemente despejados corría 7.2 km hacia el norte hasta 09°54.02'S, 65°21.71'O, con senderos laterales alternados hacia el suroeste (5 km, hasta 09°59.25'S, 65°23.23'O), noroeste (4 km, hasta 9°55.47'S, 65°20.18'O) y oeste (4.6 km, hasta 09°56.97'S, 65°24.17'O). El sendero central y los senderos nororientales corrían a través de un bosque de tierra firme bien drenado, talado hace aproximadamente 30 años pero que actualmente no se encuentra perturbado. Los senderos oeste y suroeste corrían primero a través de un bosque alto similar, pero luego descendían ligeramente a un bosque bajo, mal drenado, de sartenejal. Muestreamos estos sitios del 17 al 20 de julio 2002.

Campamento Manoa y sus inmediaciones (Campamento Tres Federico Román)

(09°41.11-41.19'S, 65°24.07-24.12'O en el campamento, a base de dos unidades GPS)
Se llega a este campamento también por bote a través del río Madera, ubicado cerca de 3 km al noroeste del actual campamento militar de Manoa. Al igual que el anterior, este campamento se encontraba ubicado sobre la ribera oeste alta del río Madera, donde el sendero principal corría hacia el oeste a través de varios hábitats forestales hasta un cruce a 09°41.67'S, 65°25.30'O. Desde este cruce se abrían los tres siguientes senderos. Caminamos a lo largo de estos senderos del 21 al 25 de julio 2002.

Sendero Norte de Manoa – Este sendero corre durante varios kilómetros desde el cruce a través del bosque pantanoso y el bosque de transición al sartenejal y hasta bosques sobre suelos mejor drenados aproximadamente a 09°41.05'S, 65°26.07'O en la punta de la península donde convergen los ríos Abuna y Madera y de ahí fluyen hacia el norte hasta el gran Amazonas.

Sendero Oeste de Manoa – Luego de salir del cruce, este sendero se dirigía hacia el oeste varios kilómetros hacia el río Abuna, a través de bosque abierto cubierto de *Scleria*, a través de bosque sobre suelos mejor drenados, luego a través de bosque de transición hasta el sartenejal (con canales pronunciados y áreas elevadas asociadas), y luego hasta un bosque bien drenado sobre lo que parecían ser suelos pobres y muy ácidos en la ribera oriental del río Abuna. Terminado así el circuito a 09°41.94'S, 65°26.86'O.

Sendero Sur – Desde el cruce, este sendero atravesaba un par de kilómetros de bosques de tierra firme con suelos mejor drenados, hasta 09°43.00'S, 65°23.93'O.

Sobrevuelos

En marzo del 2002, y luego nuevamente el 24 y 25 de julio del 2002, sobrevolamos durante cerca de 6 horas toda el Área de Inmovilización Federico Román y los bosques aledaños hasta Arca de Israel en el sur (Figura 2).

FLORA Y VEGETACIÓN

Participantes/Autores: William S. Alverson, Robin B. Foster, Janira Urrelo, Julio Rojas, Daniel Ayaviri, y Antonio Sota

Objetos de Conservación: Bosques altos y bajos de sartenejal y otros tipos de vegetación del Escudo Brasileño; grandes bloques de bosque de tierra firme talados hace tres décadas pero que se encuentran en buenas condiciones; y las especies de plantas que son poco comunes en Bolivia o Pando, son importantes para la vida silverstre, o tienen valor comercial.

MÉTODOS

El equipo tuvo 12 días para evaluar la vegetación tanto en el Área de Inmovilización Federico Román como en la zona localizada inmediatamente al sur de esta Área. Los tres campamentos estaban distribuidos de forma equidistante a lo largo del lado este del Área de Inmovilización, al que podíamos acceder en bote por el río Madera. El campamento más hacia el sur ("Caimán") se estableció fuera del Área de Inmovilización, en el borde de dos concesiones madereras (San Joaquín y Los Indios), desde donde podíamos evaluar los viejos bosques secundarios bien drenados que colindan con el área hacia el sur. Utilizando las imágenes de satélite como guía, se establecieron los dos campamentos del norte y los sistemas de senderos (Piedritas y Manoa) para proveer acceso al complejo de tipos de vegetación con drenaje más pobre que caracteriza el interior del Área de Inmovilización (Figura 3).

No recolectamos datos cuantitativos con transectos. Más bien, recopilamos listas de especies identificadas en el campo y registramos información cualitativa sobre su abundancia y presencia en varios hábitats. Tomamos cientos de fotografías para documentar la presencia de las especies y como herramienta para una posterior identificación de las especies no reconocidas. Una vez procesadas y digitalizadas, una sub-serie representativa de estas fotografías estará a disposición en *www.fmnh.org/rbi*. Realizamos también 328 recolecciones de plantas en una serie de números bajo el nombre "J. Urrelo et al." Todos los especímenes fueron tratados en el campo con alcohol, secados en el herbario del Centro de Investigación y Preservación de la Amazonía (CIPA) de la Universidad Amazónica de Pando (UAP) en Cobija, y serán depositados en el mismo herbario, el Herbario Nacional, de La Paz (LPB), y en el Field Museum (F).

RIQUEZA FLORÍSTICA, COMPOSICIÓN Y DOMINIO

Nuestra lista preliminar de plantas vasculares (en el Apéndice 1) contiene 821 especies en y alrededor del Área de Inmovilización Federico Román. En base a la variación dentro de los tipos de hábitat que pudimos explorar en el terreno, calculamos una flora total de plantas vasculares de alrededor de 1200 especies.

TIPOS DE VEGETACIÓN

Suelos no inundados

Bosques de tierra firme sobre suelos bien drenados talados hace unos 30 años

Bosques perturbados recientemente y bordes
de caminos

Lajas secas con suelo superficial sobre roca

*Vegetación sobre suelos inundados estacionalmente
o de manera permanente*

Riberas abiertas a lo largo del río Madera

Bancos de arroyos estacionalmente inundados

Pantanos de *Symphonia*

Bosque de *Scleria*

Sartenejal alto

Sartenejal bajo

Lajas húmedas o pampas abiertas

BOSQUES TALADOS SOBRE SUELOS BIEN DRENADOS

Este tipo de bosque era más común hacia el sur y oeste de Nueva Esperanza, donde se encontraba presente en grandes bloques contiguos. En este sitio, los bosques de colina de tierra firme tenían suelos arenoso-arcillosos bien drenados, con excepción de pequeñas franjas de hábitat a lo largo de los arroyos y del fondo del valle. Dentro del Área de Inmovilización se encontraban bloques y franjas irregulares intercalados con hábitats más húmedos como los sartenejales.

Estos bosques fueron talados selectivamente hace aproximadamente 30 años. El dosel alto es discontinuo y consta de grandes individuos que no fueron talados durante este tiempo de extracción (Figura 2C). Los más notorios eran un gran número de árboles de castaña (*Bertholletia*) de 40 metros o más de altura. Fueron comunes también otras especies emergentes de Lecythidaceae (*Couroupita*, *Couratari*), Moraceae (e.g., *Ficus schultesii*, *F. nymphaeifolia*) y Fabaceae, especialmente *Peltogyne*, *Hymenaea*, *Dipteryx* y *Tachigali* spp., y dos especies de *Enterolobium*. Estas especies emergentes remanentes no eran viables comercialmente durante el último período de extracción maderera, aunque algunas especies comerciales continúan presentes en pequeñas cantidades, entre ellas *Amburana* (roble) y *Cedrella* (tornillo), ambas Fabaceae, al igual que *Hevea* (Euphorbiaceae) intacta y esparcida.

Bajo este dosel discontinuo existía un subdosel relativamente continuo, a 15–25 m, donde son comunes *Tetragastris* (Burseraceae), *Oxandra xylopioides* (Annonaceae), *Pourouma minor* (Cecropiaceae), *Naucleopsis* spp. (*N. ulei* y una especie con hojas ampollosas) y *Pseudolmedia laevis* (Moraceae), *Inga* y *Tachigali* spp. (Fabaceae), *Metrodorea flavida* (Rutaceae), *Astrocaryum gynecantha* (Arecaceae), *Schefflera morototoni* (Araliaceae), unas cuantas *Rinorea* (Violaceae) y otras palmeras. Rubiaceae y Melastomataceae son comunes. No existen grandes áreas con predominio de bambú.

En cada sitio encontramos algunas especies no detectadas en bosques de tierra firme en los otros sitios (p. ej., dos especies de *Diospyros* [Ebenaceae], *Brosimum potabile* [Moraceae], *Chaunochiton* [Olacaceae], etc. en Manoa). Pero las mismas especies comunes se encontraban en los bosques de tierra firme en cada uno de los sitios muestreados.

Aunque nuestra visita tuvo lugar durante la temporada seca, la cobertura moderada de musgos y otras epífitas sobre las ramas y los troncos indica que éste es un bosque húmedo, más que los demás bosques de estructura y composición similares que muestreamos en el Área de Inmovilización Madre de Dios (Alverson et al., en prensa).

La mayor parte del hábitat alrededor del Campamento Caimán y los senderos consistía de este tipo de bosque de tierra firme, aunque había una cantidad relativamente pequeña de hábitat perturbado recientemente, que se describe a continuación.

BOSQUE PERTURBADO RECIENTEMENTE Y BORDES DE CAMINOS

La reciente perturbación humana es más notoria en y alrededor de Nueva Esperanza y Arca de Israel (Figura 2), pero también existen viejos claros esparcidos por otros lugares, principalmente a lo largo del río Madera, como un antiguo campamento militar en Piedritas, el activo campamento militar de Manoa, y varias pequeñas chacras e incursiones de gente. Algunos de estos claros están abandonados o son apenas utilizados por campamentos de castañeros alrededor del campamento Caimán. Unas pocas plantaciones de cultivos remanentes persistían en algunos del los claros, particularmente en el antiguo puesto militar de Las Piedritas.

Los caminos y senderos que conectan Nueva Esperanza, Arca de Israel y los caminos madereros más utilizados hacia el sur, en la concesión Los Indios, tenían una angosta franja (5–15 m) de crecimiento secundario, incluyendo de manera más común lianas, arbustos, o pequeños árboles de *Piptadenia* (Fabaceae), *Solanum* (Solanaceae), *Cecropia* (Cecropiaceae), *Casearia* (Flacourtiaceae), *Sapium* (Euphorbiaceae), y una *Duguetia* (Annonaceae) con ramas horizontales sorprendentemente largas. La enredadera *Passiflora coccinea* era una colonizadora ubicua sobre el suelo expuesto en los caminos y riberas.

LAJAS SECAS

Vimos dos muestras de lajas secas—áreas con suelos muy superficiales sobre rocas—durante los sobrevuelos. La primera era un afloramiento directamente al norte de Arca de Israel y la segunda se encontraba al suroeste del campamento Manoa. Este hábitat se distinguía desde el aire ya que todos sus árboles se encontraban sin hojas y en primera instancia parecían estar muertos. No pudimos visitar estos hábitats en el terreno.

Volamos también sobre otro hábitat inusual al oeste de Manoa que parecía ser dominado por algunas especies de árboles con copas muy densas. No pudimos identificar estas especies desde el aire, ni logramos determinar si su predominio local se debía a la presencia de un afloramiento especial de suelo o roca.

RIBERAS ABIERTAS DEL RÍO MADERA

Este gran río, que fluye hacia el norte para desembocar en el Amazonas, atraviesa por varias grandes cachuelas entre Arca de Israel y su confluencia con el río Abuna. El río tiene numerosas islas y bancos de arena abiertos, y sus riberas varían desde bancos de arena y lodo abiertos hasta bancos empinados de más de 10 m de altura, en ocasiones de roca sólida.

Las playas estabilizadas de arena y lodo estaban cubiertas por una vegetación de sucesión típica de esta zona de la cuenca amazónica, con *Gynerium sagittatum* (Poaceae), *Cecropia membranacea*, *Mimosa pigra* (Fabaceae), y en algunos casos *Salix humboldtiana* (Salicaceae). Sobre los bancos más altos eran comunes y conspicuos la *Muntingia calabura* (Muntingiaceae), *Ceiba pentandra* (Bombacaceae), *Ficus insipida*, y una especie de *Guadua* (Poaceae).

ARROYOS INUNDADOS POR TEMPORADAS

El nivel del agua del río Madera y por lo menos las porciones adyacentes de sus tributarios varía mucho de temporada en temporada, como se evidenció por las huellas de inundaciones sobre los troncos. En los sitios de muestreo de Piedritas y Manoa, los arroyos que alimentan al Madera atravesaban por espesos depósitos de lodo y arena depositados hace poco por las aguas altas en el río. Incluso a un kilómetro o más río arriba de las desembocaduras de estos arroyos, las huellas de inundación sobre los árboles alcanzaban alturas de 2 m o más.

Esta acumulación progresiva y estacionaria de agua y flujo regresivo del río principal crea un hábitat característico a lo largo de las partes inferiores de estos arroyos, que se podía detectar en Piedritas y que era muy claro en el sitio muestreado en Manoa. Este tipo de hábitat tiene un sotobosque muy abierto, con más enredaderas y un dosel ligeramente más bajo que el del bosque circundante de tierra firme.

En el sitio de Manoa hay un predominio de una especie de *Lueheopsis* (Tiliaceae) con una follaje verde oscuro claramente visible incluso durante los sobrevuelos. Son muy comunes una *Guarea* (Meliaceae), una *Virola* (Myristicaceae), una *Zygia*, y un *Peltogyne* y/o *Macrolobium* (Fabaceae), un *Calyptranthes* (Myrtaceae), un *Mouriri* (Melastomataceae), una *Manilkara* (Sapotaceae), y *Licania* cf. *hypoleuca* (Chrysobalanaceae).

PANTANOS DE *SYMPHONIA*

Este hábitat en el sitio de Manoa también se inunda anualmente por corrientes de aguas blancas que penetran en dirección opuesta desde el río Madera. Se caracteriza por el predominio de *Symphonia globulifera* (Clusiaceae) con raíces tipo zanco en zonas planas, lodosas y mal drenadas (Figura 4B). Son comunes también el *Lueheopsis* (Tiliaceae), una *Ocotea* (Lauraceae) de hojas color óxido, un *Tachigali,* y otro género desconocido de Fabaceae (de hojas trapezoidales).

BOSQUE DE *SCLERIA*

Las imágenes de satélite muestran a este extraño hábitat como bandas de verdor intercaladas con el azul de los sartenejales y el cobrizo del bosque alto (tierra firme) en la zona al extremo norte del Área de Inmovilización Federico Román (Figuras 2 y 3). Constituye un área de difícil acceso en el terreno debido a que un elemento prominente de la vegetación consiste en una densa maraña de enredaderas de *Scleria* (Cyperaceae) con afiladas hojas que cortan la ropa y la piel. Por esta razón, se presume que todavía quedan remanentes de este tipo de hábitat del lado brasileño (al norte) del río Abuna, entre pastos y campos abiertos donde ha sido destruida toda la demás vegetación nativa.

El bosque de *Scleria* tiene árboles aislados de hasta 15–20 m de altura, aunque la mayoría son de menos de 10 m (Figura 4C). Al igual que en las zonas adyacentes, como se ha indicado arriba, *Lueheopsis* es probablemente el árbol más común que se encuentra presente. Son también comunes varias especies de Fabaceae—una *Peltogyne* sp., una especie finamente pinada con hojuelas rectangulares, y una especie finamente bipinada—al igual que una *Ocotea* (Lauraceae) marrón pubescente, una *Garcinia* (Clusiaceae), *Vochysia lomatophylla* (Vochysiaceae), y un glabro *Tachigali* (Fabaceae). Varias de las especies leñosas más comunes en este lugar tenían corteza de color marrón o negro, con frecuencia de textura muy áspera.

Varios aspectos del bosque de *Scleria* son evocativos de las antiguas pampas arboladas visitadas

hace poco por el equipo de inventario rápido en el centro de Pando (Alverson et al., en prensa). El hábitat se encontraba en una zona plana de suelo pobre y arcilloso que probablemente se inunda estacionalmente. Había árboles más altos aislados y la hojarasca con frecuencia llegaba a 10 cm de profundidad y era muy esponjosa, como si la descomposición de las hojas tuviese lugar lentamente. Finalmente, observamos evidencias de algún incendio pasado en la forma de unos cuantos tocones carbonizados y carbón enterrado. Probablemente debido a la densa capa de *Scleria*, este bosque difería de las pampas arboladas debido a su sotobosque vacío (aunque eran comunes las enredaderas bajas de una especie de *Plukenetia*).

En resumen, el bosque de *Scleria*, al igual que las pampas, parece ser el resultado de una combinación de un suelo pobre y de perturbaciones episódicas, ya sea desde fuentes no humanas o humanas. Puede representar una variante de los bosques de sartenejal, que se diferencian debido a su historia de incendios, aunque también en su microtopografía, como se indica abajo.

SARTENEJAL ALTO Y BAJO

Al norte y noroeste de Nueva Esperanza ocurre un dramático cambio en los hábitats de los bosques, en comparación con los bien drenados bosques bolivianos al oeste y sur. El hábitat del bosque bien drenado de tierra firme continúa presente, pero no en grandes bloques continuos; más bien, se restringe a angostas franjas irregulares a lo largo quizá de una tercera parte del paisaje. Estas penínsulas de tierra firme aparecen a manera de confeti (fragmentos circulares pequeños) de color naranja y verde en las imágenes de satélite, con una textura claramente granulosa (Figura 3). Entre estas penínsulas irregulares de bosque bien drenado se encuentran bosques de sartenejal más amplios de una textura granulada más fina; aparecen como áreas de color naranja más claro (sartenejal alto) y de color azul turquesa (sartenejal bajo) en las imágenes de satélite.

El hábitat de sartenejal ocupa gran parte del centro del Área de Inmovilización Federico Román. Los suelos son pobres y mal drenados.

El dosel es claramente más bajo que el del bosque circundante de tierra firme, de 5–20 metros de altura. La hojarasca es espesa y esponjosa y la superficie del suelo está caracterizada por una maraña de montículos u ondas de uno o más metros de ancho, separados por depresiones redondeadas o canales bajos que parecen canales estacionales de agua. El patrón general de este tipo de hábitat sugiere un asociación con antiguas llanuras de río.

El sartenejal alto es de transición en su altura (por lo general hasta 15 m) y composición: aparecen aquí algunas especies tanto del bosque de tierra firme como del sartenejal bajo. Durante el sobrevuelo, uno de nosotros (R. Foster) se percató que podíamos distinguir el límite entre el sartenejal bajo y el alto (como se ve en la imagen de satélite), ya que la palmera *Oenocarpus bataua* desaparece en el sartenejal bajo. Unas pocas especies parecen preferir el límite entre el sartenejal y los hábitats de tierra firme, como por ejemplo una especie de *Duguetia* (Annonaceae), y una rara *Psychotria* (Rubiaceae), ambas recolectadas junto con flores y frutos. *Attalea speciosa* (Arecaceae) y *Phenakospermum* (Musaceae) eran conspicuos en el sartenejal alto. Otras especies encontradas aquí y en el sartenejal bajo, pero no en los hábitats circundantes de tierra firme, incluyen una *Xylopia* (Annonaceae) y *Qualea wittrockii* (Vochysiaceae).

El sartenejal bajo es frondoso en apariencia y de corta estatura (hasta 10 m). La espinosa palmera *Mauritiella armata*, un *Tachigali* (Fabaceae), y *Qualea wittrockii* y *Q. albiflora* son algunas de las especies altas en este hábitat. La superficie del suelo es una masa esponjosa de hojas y raíces. Las plantas comunes del sotobosque incluyen al helecho *Trichomanes*, *Coccocypselum* (una Rubiaceae variegada, herbácea), *Selaginella* (Selaginellaceae) y un *Ischnosiphon* (Marantaceae) no de tipo enredadera. Una capa media incluía a muchos individuos de *Mouriri* y otras especies de Melastomataceae (*Henriettella*, *Loreya*), que eran comunes en este sitio y no en el bosque de tierra firme (además de la palmera *Bactris hirta* y *Moutabea*, una Polygalaceae de tipo enredadera).

LAJAS HÚMEDAS (O PAMPAS ABIERTAS)

No pudimos visitar estos hábitats en el terreno, pero los observamos durante los sobrevuelos (Figura 4A). Son visibles en las imágenes de satélite, donde se ven adyacentes a un meandro en el río Abuna, al oeste-suroeste del puesto militar de Manoa, y parecen una agrupación de puntuaciones de color celeste (Figura 3). Son zonas abiertas, con pocos o ningún árbol y arbustos, llenos de vegetación herbácea y con frecuencia con agua estancada. Es probable que son generadas por suelo arcilloso mal drenado (como algunas de las pampas abiertas) pero es posible que hay una capa impermeable de roca cerca a la superficie (tratándose así de un hábitat de tipo laja). Las lajas húmedas son contiguas a los hábitats del bosque de *Scleria* hacia el noreste y probablemente reflejan condiciones edáficas aún más severas que las vistas ahí.

REGISTROS IMPORTANTES

No hemos podido comparar todavía los especímenes recolectados durante el inventario con otro material de herbario. Nuestra evaluación preliminar es que observamos varias especies que no habían sido registradas anteriormente en Pando o en todo Bolivia, o que han sido recolectados pocas veces en Bolivia. La mayoría de los registros nuevos o raros vienen de los bosques de sartenejal, pero unos cuantos tuvieron lugar también en hábitats de tierra firme.

En el Campamento Caimán, éstos incluyeron *Spathelia* (Rutaceae), un arbolito más o menos no ramificado que florece una vez a los 8–10 años y luego muere (monocárpico; Figura 5B). Ésta es probable-mente una nueve especie para Bolivia.

En el bosque de tierra firme en el sitio de Manoa encontramos un árbol grande (de cerca de 45 m de altura y 1.6 m de diámetro a nivel del pecho) de *Brosimum potabile* (Moraceae) que, de lo que conoce-mos, no se ha registrado anteriormente en Bolivia.

En el bosque de sartenejal del sitio de Manoa muestreamos una *Jacaranda* sp. (Bignoniaceae) enana, pinada en una ocasión, que podría ser nueva para

Bolivia o Pando pero esto debe ser confirmado. También en los sartenejales muestreamos una *Tococa* sp. y una *Salpinga* sp. (ambas Melastomataceae) que parecen ser nuevas para Pando, si no para Bolivia.

Parkia ignaefolia (Fabaceae) podría ser también un nuevo registro para Bolivia, pero esto hay que confirmarlo. Se encontró en el bosque de sartenejal, en el sitio Piedritas. Una (o más) de las especies de *Peltogyne* (también Fabaceae) que observamos y *Syngonanthus longipes* (Eriocaulaceae) son nuevas para Bolivia.

Pseudima frutescens (Sapindaceae) ocurría en el bosque de tierra firme en el sitio Caimán y ha sido muestreada sólo unas pocas veces en Pando. *Chaunochiton* (Olacaceae), con raros frutos grandes, fue muestreado en el bosque de tierra firme en el sitio de Manoa y ha sido documentado sólo una o dos veces antes en Pando.

Dos Lecythidaceae, una delicada *Gustavia* arbustiva con pocas ramas y *Couratari* (sect. *Microcarpa*), un gran árbol con pequeños frutos delgados deben ser verificados. Eran comunes y sobresalientes en los hábitats inundados temporales, pero no reconocimos ninguna de estas dos especies.

En base a nuestro conocimiento, ninguna de estas especies es endémica al Área de Inmovilización Federico Román, ni es probable que lo sean. Las que constituyen nuevos registros para Bolivia son especies que ocurren en otros lugares hacia el norte y este, con novedades adicionales para Pando desde el sur. Debido a su ubicación en el rincón más extremo noreste de Bolivia, el Área de Inmovilización Federico Román sí protege a especies y hábitats que no se encuentran en algún otro lugar de Pando o Bolivia. Aún más, el Área sirve como importante refugio para muchas especies y hábitats en el suroeste de la Amazonía que se han perdido o que están siendo destruidos actualmente en el norte y este en Brasil.

PLANTAS IMPORTANTES PARA LA VIDA SILVESTRE

Muchas de las especies predominantes en los bosques de tierra firme del Área de Inmovilización proveen alimentos para aves y mamíferos, como por ejemplo los árboles de las familias Fabaceae, Moraceae, Lecythidaceae, Arecaceae, Myristicaceae, y Rubiaceae. En el sartenejal bajo y en otros hábitats mal drenados, el volumen de frutos y semillas producidos parece ser mucho menor.

HISTORIA INFERIDA DEL USO HUMANO

El Área de Inmovilización Federico Román está ubicada en la confluencia de los ríos Abuna y Madera justo río abajo de varios rápidos principales (cachuelas) que impiden la navegación. Esta área posiblemente funcionó como intersección durante los dos últimos siglos, pero no logramos percibir señales de alguna antigua manipulación de hábitats a gran escala. El principal cambio grande al que se hace alusión ocurrió hace unos 30 años, cuando se construyeron los caminos madereros y en la mayoría de los hábitats de tierra firme se taló selectivamente la madera más valiosa, como *Swietenia macrophylla* y *Cedrela odorata* (Meliaceae), y *Amburana cearense* y *Cedrelinga* sp. (Fabaceae). Ésta parece haber sido una perturbación de corta duración y los bosques en la región no parecen haber sido perturbados mucho desde entonces. Continúan presentes en el bosque ejemplares jóvenes de todas estas especies comerciales, lo que augura un buen futuro, particularmente si dichas especies no son sobreexplotadas. Sí observamos evidencias de extracción maderera reciente en el rincón suroeste del sitio Caimán, en la concesión maderera de Los Indios, pero no ha tenido lugar todavía de manera extensa dentro del área del inventario.

No ha habido una migración grande de gente a lo largo de los caminos madereros hacia el centro del Área de Inmovilización Federico Román. Sin embargo, la minería de oro en el río y en el suelo ha sido un emprendimiento grande durante las últimas dos décadas (ver Comunidades Humanas, p. 53). El principal impacto de la minería de oro tiene lugar a nivel local, como se percibe de los pozos abandonados al oeste de Nueva Esperanza (Figura 7A). La cacería suplementaria a lo largo del río Madera ha resultado en un número pequeño a moderado de senderos y de penetración en el bosque, pero el efecto total de los mismos, y de las pocas chacras remotas que observamos durante los sobrevuelos, no es muy grande por el momento. Algunos de estos senderos parecen haber sido utilizados para extraer madera y posiblemente otros materiales hacia el lado brasileño del río, o hacia las dragas de oro ancladas actualmente en el Madera.

Durante mucho tiempo se cosecharon castañas en el área, hasta caer los precios a un nivel sumamente bajo, desalentándose así esta práctica. Al momento, con excepción de los lugares cercanos a los asentamientos humanos, prácticamente no se cosechan castañas, aún cuando los grandes árboles de castaña (*Bertholletia excelsa*) son un elemento común y conspicuo en el bosque de tierra firme. Los árboles de caucho (*Hevea guianensis*) en el área son con frecuencia grandes pero menos comunes, y en ninguno había señales de extracción de látex reciente.

AMENAZAS Y RECOMENDACIONES

La eliminación del bosque maduro debido a una extracción maderera más extensa, la transformación de bosques en pastos para ganado, y la creación de campos de cultivo constituyen las principales amenazas. Sin embargo, los suelos de la mayor parte del Área de Inmovilización son demasiado pobres para una agricultura o ganadería exitosa más allá de un par de años. Por esta razón, la devastación que tendría lugar por la eliminación del bosque maduro pesaría mucho más que cualquier beneficio a corto plazo para los humanos. Más bien, recomendamos estas posibilidades:

1) En los hábitats de tierra firme al sur (y oeste) del Área de Inmovilización, trabajar con las comunidades locales y los propietarios de las concesiones madereras para establecer planes de manejo forestal ecológicamente sensatos para evitar la colonización descontrolada y la sobreexplotación y agotamiento de estos bosques;

2) Designar la actual Área de Inmovilización Federico Román, y un área adicional en los bosques adyacentes de tierra firme, como Reserva Nacional de Vida Silvestre. Esta área es lo suficientemente grande para funcionar como reserva central para muchas plantas y animales no encontrados en algún otro lugar de Bolivia y que están diezmando rápidamente en el vecino país de Brasil;

3) Establecer acuerdos de cooperación con las fuerzas armadas bolivianas para ayudarles a realizar patrullajes más efectivos contra incursiones ilegales en el Área de Inmovilización Federico Román por parte de cazadores, mineros de oro, y extractores de madera que ingresen al área por los ríos Abuna y Madera. El personal de los puestos militares podría recibir recursos para su trabajo y adquirir capacitación para el cumplimiento de las regulaciones de conservación, asegurándose así acciones e información para apoyar las metas de conservación;

4) Explorar la posibilidad de créditos tributarios para la conservación u otros beneficios a nivel gubernamental para los municipios locales. El Área de Inmovilización comprende ahora aproximadamente el 20% del Municipio de Nueva Esperanza. De declararse una Reserva Nacional de Vida Silvestre que abarque el Área de Inmovilización más tierras adicionales al sur y oeste, el 40–50% de este Municipio podría consistir en tierras dedicadas principalmente a la conservación de la flora y fauna nativas. Por ejemplo, quizás habría maneras de alentar incentivos económicos para la cosecha sustentable de castañas en esta región, que son comunes pero que al momento no se están aprovechando debido a los bajos precios del mercado;

5) Llevar a cabo inventarios adicionales en el terreno, con la cooperación de BOLFOR, UAP y los museos nacionales bolivianos, concentrándose en hábitats dentro del Área de Inmovilización Federico Román no explorados suficientemente durante este corto inventario, como por ejemplo las lajas secas y húmedas, la así denominada "zona naranja" donde predomina algunas especies de árbol con densas copas, y otras variantes del bosque de sartenejal. Estos estudios deben también buscar comprender mejor el rol del fuego y del suelo en la generación del bosque de *Scleria*, los hábitats de laja y los sartenejales, en comparación con los factores ecológicos que crean y mantienen las pampas abiertas y rebrotadas más al sur y oeste.

ANFIBIOS Y REPTILES

Participantes/Autores: John E. Cadle, Lucindo Gonzáles, y Marcelo Guerrero

Objetos de Conservación: La herpetofauna terrestre del suroeste amazónico; crocodílidos y petas.

MÉTODOS

Muestreamos tres sitios dentro de la provincia de Federico Román: Caimán (13–16 de julio de 2002), Piedritas (17–20 de julio de 2002) y Manoa (21–24 de julio de 2002). Las coordenadas y descripciones generales de estos sitios se indican en el Panorama General de los Sitios de Inventario de este informe.

Utilizamos muestras de transectos y métodos de muestreo por hallazgos al azar para inventariar los anfibios y reptiles. Intentamos encontrar especímenes voucher para todas las especies encontradas con excepción de crocodílidos, los mismos que fueron fotografiados. Sin embargo, registramos algunas de las especies sólamente por vista o por cantos escuchados (para ranas). Las mismas se indican en la lista de especies (Apéndice 2). Caminamos a lo largo de los senderos en muestreos tanto en los muestreos diurnos como en los nocturnos. Además, nos enfocamos en ciertos tipos específicos de microhábitats, como charcas, arroyos y ríos que podrían ser utilizados por anfibios y reptiles. Se depositaron especímenes voucher en el Museo de Historia Natural "Pedro Villalobos" (CIPA, Cobija), en la Universidad Nacional de Pando (Cobija), y en el Museo de Historia Natural "Noel Kempf Mercado" (Santa Cruz). Por último, también se depositarán muestras representativas en el Field Museum (Chicago).

Nuestros métodos de muestreo no rindieron resultados que se hubieran podido interpretar como medidas cuantitativas de la abundancia relativa de las especies. Ya que estábamos realizando el muestreo durante la temporada seca, siendo éste el período menos favorable para la actividad de la mayoría de los anfibios y reptiles en la región, en nuestro muestreo no detectamos ciertas especies que estamos razonable-mente seguros que son elementos comunes y hasta abundantes dentro de la fauna muestreada. Además, para la mayoría de las herpetofaunas de la selva tropical, es necesario realizar mediciones repetidas de su abundancia relativa en el mismo sitio durante períodos largos para obtener las abundancias relativas con un buen grado de confiabilidad.

RESULTADOS DEL INVENTARIO HERPETOLÓGICO

Registramos 44 especies de reptiles (19 culebras, 20 lagartijas, 3 crocodílidos, 2 tortugas) y 39 especies de anfibios (todas ranas) en los tres sitios de Federico Román (Apéndice 2; ver también Comentarios Sistemáticos más abajo). Una vez resueltos los problemas sistemáticos y las identificaciones tentativas, estos totales podrían verse modificados un tanto. Sospechamos que todas las especies detectadas se encuentran en microhábitats adecuados en toda la región; aún más, ya que realizamos los muestreos durante la temporada seca, el encontrar una especie en particular en un sitio determinado fue muy oportunista. Por lo mismo, pensamos que no es muy productivo evaluar o comparar cada sitio muestreado por separado. A pesar de las diferentes composiciones de especies en la muestra de cada sitio, encontramos números comparables de culebras, lagartijas y ranas en los tres sitios: Caimán (10 culebras, 10 lagartijas, 23 ranas), Piedritas (9, 9 y 25 especies, respectivamente) y Manoa (10, 12 y 20 especies, respectivamente). Las diferencias entre el sitio de concesión forestal (Caimán) y los dos sitios en el Área de Inmovilización (Piedritas y Manoa) probablemente reflejan solamente los métodos y períodos breves de muestreo, y el efecto desalentador de la temporada seca sobre la actividad de los anfibios y reptiles en general. Consideramos que la totalidad de la muestra es representativa de la herpetofauna de los tres sitios, sujeto a diferencias menores basadas en la disponibilidad de los microhábitats (ver la discusión sobre las comunidades de plantas).

En base a los sitios muestreados más exhausti-vamente en el suroeste amazónico, sospechamos que la herpetofauna total de Federico Román ascendería a 140–160 especies (aproximadamente 70 especies de reptiles y 60–80 especies de anfibios). Nuestro inventario probablemente muestreó aproximadamente la mitad de las especies de ranas y aproximadamente la misma proporción de especies de reptiles de lo que se podría esperar de los tres sitios.

Casi todas las especies registradas constituyen elementos comunes de las herpetofaunas del suroeste amazónico y han sido registradas en otros sitios bien muestreados del sureste peruano (Parque Nacional Manu, Reserva de Tambopata, Cuzco Amazónico, Pampas del Heath; Rodríguez y Cadle 1990, Morales y McDiarmid 1996, Duellman y Salas 1991, Cadle et al. 2002, y R. McDiarmid, com. pers.) o del norte boliviano (Reserva Nacional Manuripi; L. Gonzáles, datos no publicados). Muchas son especies encontradas ampliamente en la Amazonía y se encuentran, por ejemplo, en la región de Iquitos, Perú (Dixon y Soini 1986, Rodríguez y Duellman 1994); Santa Cecilia, Ecuador (Duellman 1978); o Manaus, Brasil (Zimmerman y Rodrigues 1990). Ninguna de las especies de anfibios o reptiles que observamos son endémicas a nivel local o regional. La fauna es característica de otras áreas del norte de Bolivia y sur oriente de Perú (Cadle and Reichle 2000).

A pesar de las afinidades principalmente amazónicas de la herpetofauna de Federico Román, unas pocas especies se asocian de manera más general a las formaciones más abiertas hacia el sur. Éstas incluyen *Leptodactylus labyrinthicus* (Leptodactylidae) y, pendiente a la resolución de las dificultades taxonómicas, posiblemente *Bufo granulosus* (Bufonidae) y *Leptodactylus chaquensis/macrosternum*. El *Bufo granulosus*, aunque se encuentra de manera extensa en América del Sur, es un complejo de especies, donde algunas de sus formas son características de formaciones abiertas en el oriente boliviano. *Leptodactylus chaquensis* y *L. macrosternum* (ver Comentarios Sistemáticos abajo) son especies consanguíneas e indicativas de un patrón observado en algunas especies amazónicas al norte del río Beni: tienen

parientes cercanos en formaciones más secas y abiertas en la parte sur de Bolivia, Argentina, Paraguay y/o el suroeste de Brasil (Cadle 2001). El registro de *Leptodactylus labyrinthicus* queda cerca al límite norte de la especie en Bolivia, aunque ha sido reportado también en el Parque Nacional Madidi (Pérez et al. 2002).

Nuestras colecciones incluyen varios nuevos registros para Bolivia, aunque se esperaba encontrar estas especies en base a otros registros de distribución en el vecino Brasil o en Perú: *Dendrobates quinquevittatus* (Dendrobatidae; ver Caldwell y Myers 1990), *Anolis* cf. *transversalis* (Iguanidae; identificación tentativa) y *Uranoscodon superciliosus* (Iguanidae; ver Avila-Pires 1995 para resúmenes de distribuciones de lagartijas).

Como se podría esperar del muestreo de una herpetofauna tropical durante la temporada seca, el efecto estacional fue más notorio en relación con las ranas detectadas durante nuestro muestreo. La actividad de las ranas era muy baja, como se evidenció del canto de unas pocas especies y de los pocos individuos de cada especie activa. Encontramos evidencia de sólo dos especies de ranas en reproducción durante el período de nuestro muestreo: los nidos de *Hyla boans* eran comunes a lo largo de los arroyos en el sitio Caimán y se muestrearon renacuajos identificados tentativamente como pertenecientes a esta especie; la otra especie en reproducción durante el período de muestreo probablemente se trata de una especie de *Colostethus*, identificada una vez más tentativamente de las muestras de renacuajos. Escuchamos el llamado de algunas otras pocas especies en varias hasta muchas ocasiones (por ejemplo, *Bufo granulosus*, *B. marinus*, *Hyla lanciformis*, *Leptodactylus fuscus*), pero no encontramos huevos o renacuajos de estas especies.

COMENTARIOS SISTEMÁTICOS

Los problemas no resueltos con la sistemática de ciertos grupos representados en nuestro inventario impiden al momento identificaciones precisas de algunos especímenes voucher, y es necesario realizar un estudio adicional de otros. Estos comentarios ayudarán a los investigadores que quieran utilizar nuestro informe preliminar (para el trabajo fáunico, de distribución o sistemático) evaluar la incertidumbre inherente en los muestreos rápidos de la herpetofauna en zonas como Federico Román. Queremos enfatizar que este informe, preparado antes de realizar un estudio adecuado de las colecciones, no ha sido analizado lo suficiente, particularmente con respecto a la identidad de los grupos más difíciles del inventario. Los siguientes comentarios llaman la atención a la disponibilidad de especímenes que podrían ayudar a resolver aspectos de distribución o taxonómicos.

Bufonidae: Nuestra muestra contiene dos especies de la agrupación *Bufo margaritifer*, que se reconoce ampliamente que contiene muchas especies poco diferenciadas, algunas de las cuales no han sido descritas todavía (Hoogmoed 1990). Sin un estudio más detallado vacilamos en asignar nombres a los especímenes de nuestra muestra. Dos especies de esta agrupación han sido reportadas en Pando (Köhler y Lötters 1999).

Dendrobatidae: Nuestra colección de dos especímenes de *Dendrobates quinquevittatus* representa el primer registro de esta especie en Bolivia. Nuestros especímenes responden al concepto estricto de esa especie, discutido e ilustrado por Caldwell y Myers (1990: figura 7).

Registramos dos especies de *Colostethus*, *C*. cf. *trilineatus* y una especie no identificada, de Federico Román. Como lo han indicado Köhler y Lötters (1999), la identidad de especies de *Colostethus* en Bolivia es incierta. Los especímenes del sureste peruano y norte boliviano han sido referidos como *C. marchesianus* (Duellman y Salas 1991, Pérez et al. 2002). Esto es dudoso sobre la base de nuevas descripciones de especímenes de la localidad tipo (Caldwell et al. 2002) y la población estudiada por Duellman y Salas (1991) fue referida subsiguientemente como *C. trilineatus* (De la Riva et al. 1996). Pendiente al muy necesario estudio completo de *Colostethus* en el occidente amazónico (Caldwell et al. 2002), asignamos tentativamente especímenes de Federico Román

parecidos al *marchesianus* al *C. trilineatus*, según Köhler y Lötters (1999). Nuestra especie no identificada es muy similar a *C. trilineatus*, tiene un vientre amarillo profundo y aparentemente corresponde a la *Colostethus* especie A de Köhler y Lötters (1999).

Nuestra asignación de los nombres *Epipedobates pictus* y *E. femoralis* a los especímenes es apenas provisoria. Estas dos especies se confunden fácilmente (Rodríguez y Duellman 1994). Además, la agrupación *Epipedobates pictus* es un conjunto de especies consanguíneas confusas, donde al menos tres están presentes en el norte boliviano y/o en regiones adyacentes de Brasil (*E. pictus*, *E. hahneli*, *E. braccatus*). Aún más, "*Epipedobates pictus*" y "*E. hahneli*" incluyen cada una dos o más especies marcadas (Caldwell y Myers 1990, Köhler y Lötters 1999). La confusión de las especies en este conjunto del sur occidente amazónico ha sido discutida por De la Riva et al. (1996) y Köhler y Lötters (1999).

Hylidae: Una especie de *Osteocephalus* que muestreamos es una especie no descrita, conocida en el norte boliviano y sur peruano.

Leptodactylidae: *Leptodactylus chaquensis* y *L. macrosternum* son especies consanguíneas que se distinguen únicamente por las características de su llamado (De la Riva et al. 2000). Sus distribuciones precisas no están claras, pero se superponen en el oriente boliviano. Obtuvimos un solo espécimen y no estamos seguros en este momento sobre cuál nombre se aplica en este caso.

Microhylidae: Nuestra muestra incluye tres especímenes de *Chiasmocleis* que se pueden distinguir por aspectos superficiales de coloración, pero dos están representados únicamente por ejemplares jóvenes. De una a tres especies podrían estar representadas por estos especímenes.

Iguanidae: Muestreamos un espécimen femenino de una *Anolis* grande, a la que nos referimos como *A. transversalis*. Creemos que éste sería el primer registro en Bolivia, de ser correcta nuestra identificación (ver la distribución resumida por Avila-Pires 1995). No hemos verificado todavía si las características

escutileformes de nuestro espécimen corresponden a
A. transversalis. En vida, los colores en tierra variaban
de un brillante verde metálico a marrón, pero el área
medio dorsal era de color azul cielo. El dorso estaba
marcado de hileras diagonales de manchas color marrón
oscuro. La cabeza era principalmente verde, con
pequeñas manchas marrones. El vientre era de un color
verde pálido. La gran papada era de color amarillo
oscuro, casi ocre, con escamas de color verde metálico
formadas en franjas diagonales. El *Uranoscodon
superciliosus* está representado por un solo espécimen
en nuestra colección, pero observamos varios más en la
misma localidad. Esto representa el primer registro para
Pando (Avila-Pires 1995, Dirksen y De la Riva 1999).

Scincidae: Se conocen por lo menos tres
especies de *Mabuya* (*M. bistriata*, *M. nigropunctata*,
y *M. nigropalmata*) en la región general de Pando.
No asignamos nombres, quedando pendiente un
estudio más detallado de los especímenes. La confusión
sistemática de las especies amazónicas de *Mabuya* ha
sido discutida por Avila-Pires (1995).

AMENAZAS Y RECOMENDACIONES

Todas las especies de nuestra muestra son esperadas
para esta región. Ninguna es considerada una especie
endémica o clave para la región y la mayoría se
encuentran distribuidas extensamente en la Amazonía.
Ninguna de las especies de nuestra muestra es notoria
en términos de prioridad de conservación, pero la región
probablemente alberga una herpetofauna terrestre
intacta, a pesar de la tala anterior que ha tenido lugar
en el área (es necesario un estudio adicional de
tortugas de río y crocodílidos). El mantener intacta la
herpetofauna actual, antes que el énfasis en especies
individuales, debe ser uno de los enfoques de los
esfuerzos de conservación.

Las amenazas más generales hacia el mantenimiento intacto de esta agrupación de herpetofauna
sería la perturbación y el desmonte del bosque, aunque
no podemos especificar o cuantificar estos efectos en
detalle. La apertura del bosque debido a la tala o el
desmonte tiene diferentes efectos: creando más hábitat

para especies de "formación abierta" y por consiguiente
disminuyendo el hábitat para especies de bosque cerrado.
La influencia más dañina de la perturbación del bosque
en lo que tiene que ver con la herpetofauna sería la seca
en general de los microhábitats del bosque (por ejemplo,
la hojarasca), que son muy importantes para muchas
especies de anfibios y reptiles. Cualquier manejo de estos
bosques debe buscar mantener intactos los regímenes
de humedad, luz y temperatura del sotobosque, la
hojarasca y la superficie del suelo.

Las especies de crocodílidos o tortugas
podrían ser un posible enfoque de conservación en la
región. No vimos ningún *Caiman niger*, cuya presencia
sería de interés de haber todavía remanentes de esta
población. Los pobladores locales sostienen que el río
Madera alberga una población de *Podocnemis
expansa*, una tortuga grande de río que está en grave
peligro en la mayor parte de la Amazonía donde está
presente. No podemos comprobar si esta tortuga existe
todavía en esta parte del río Madera, pero ésta especie
sería objeto de conservación de existir dicha población.

Como lo han indicado Cadle y Reichle
(2000) y Cadle (2001), la zona de Bolivia al norte y
oeste del río Beni (departamento de Pando y partes del
departamento de La Paz) alberga una herpetofauna
muy similar a otras en el sur occidente u occidente
amazónico. Los sitios muestreados en Federico
Román encajan fácilmente en este patrón. Esta
región en particular probablemente no es de
importancia herpetológica específica, excepto como
agrupación relativamente intacta y representativa de
esta herpetofauna.

Son necesarios estudios a largo plazo de la
herpetofauna en la mayoría de la Amazonía. A pesar
de que varios sitios han sido muestreados en el suroeste
amazónico, la escala microgeográfica de la distribución
de algunas especies significa que todavía podemos
aprender mucho de estudios continuos en nuevas
regiones. Obviamente, para anfibios y reptiles éstos
deben ser realizados durante las temporadas más
favorables para su actividad (esto es, época de lluvia).

También es necesario entender los efectos de perturbaciones sobre ciertas especies particulares de anfibios y reptiles. El único lugar en el suroeste amazónico donde esto ha sido estudiado es en las proximidades de Manaus, en la Amazonía brasileña (Zimmerman y Rodrigues 1990). Estos estudios deben ser replicados, especialmente con los diferentes tipos de bosque presentes en el suroeste amazónico en comparación con los encontrados en la Amazonía central. El hecho que parte de la historia de perturbación de los bosques en Pando se puede encontrar en documentos históricos significa que Pando ofrece una oportunidad excelente para evaluar estos efectos sobre especies individuales de anfibios y reptiles.

AVES

Participantes/Autores: Douglas F. Stotz, Brian O'Shea, Romer Miserendino, Johnny Condori, y Debra Moskovits

Objetos de conservación: Grandes aves de caza, especialmente poblaciones de perdices, crácidos, y trompeteros; loros; aves de bosque de tierra firme; aves de bosques bajos que se inundan estacionalmente; aves endémicas al suroeste amazónico.

MÉTODOS

Caminamos a lo largo de los senderos para ubicar e identificar a las aves, por lo general solos y ocasionalmente en pares. Salimos de los campamentos una a dos horas antes del amanecer y permanecimos en el campo generalmente hasta tarde en la mañana o temprano en la tarde. Regresamos al campo por un período entre media tarde hasta el atardecer y hasta dos horas pasado el atardecer. Realizamos esfuerzos por muestrear todos los hábitats en cada uno de los campamentos y tener un observador por lo menos un día al amanecer en cada uno de los hábitats bien definidos. Todos los observadores de campo llevaban binoculares, y O'Shea tenía una grabadora de cassette con micrófono direccional para realizar grabaciones de sonido. Las grabaciones de sonido serán archivadas en la Biblioteca de Sonidos Naturales del Laboratorio Ornitológico de Cornell.

Stotz y O'Shea realizaron un serie de cuentas ilimitadas de puntos de distancia en cada uno de los campamentos. Cada cuenta de puntos duró 15 minutos. Comenzamos los puntos 15–30 minutos antes del amanecer y realizamos ocho puntos a 150 m de distancia uno del otro a lo largo de senderos y caminos preexistentes durante la mañana. Los puntos se concentraron en el bosque más alto de tierra firme. Realizamos un total de 32 puntos en Caimán, 8 en Las Piedritas, y 24 en Manoa. Además, O'Shea y Stotz registraron las cantidades de individuos de todas las especies de aves observadas, para ayudar a evaluar la abundancia relativa.

RESULTADOS

El equipo de aves registró un total de 412 especies durante 12 días en los tres campamentos. Los cortos períodos dedicados en cada campamento contribuyeron al gran número de especies que se registraron en un sólo campamento. Sin embargo, existen también grandes diferencias en la avifauna de un campamento a otro, especialmente entre Caimán, ubicado en un bosque de colina de tierra firme, y los otros dos campamentos más al norte, con una topografía más plana, un hábitat con mayor influencia ribereña, y menos bosque rico de tierra firme. Registramos 300 especies en Caimán (más 19 especies adicionales en los alrededores del poblado de Nueva Esperanza), 287 en Piedritas (más siete de excursiones por río desde y hasta el sitio) y 299 en Manoa. En 1992, Ted Parker muestreó aves durante siete días en dos campamentos más al oeste en Federico Román (Sitios 3 [Río Negro] y 4 [Fortaleza], en el Apéndice 6 de Parker y Hoke 2002); él observó 276 especies. La lista de especies observadas en esos campamentos sugiere que la avifauna en estos sitios es similar a la que encontramos en los bosques de tierra firme en Piedritas y Manoa. Parker registró también 16 especies que nosotros no encontramos.

Biogeográficamente, el noreste de Pando puede ser visto como la extensión más oriental en el suroeste amazónico. En general, encontramos a las especies más al suroeste en conjuntos con sustituciones de alloespecies a lo largo de la Amazonía. Sin embargo, existen indicios que la región que inventariamos tiene alguna mezcla de los elementos de la avifauna. Nostros (y/o Parker) encontramos 13 especies (ver Apéndice 3) que de otro modo se conocen en el suroeste amazónico sólo al este del río Madera. Además, la diversidad del endemismo amazónico suroeste es mucho menor que la encontrada más al oeste en la Amazonía. Encontramos sólo siete de las 26 endémicas amazónicas del suroeste listadas por Parker et al. (1996). En comparación, Schulenberg et al. (2000) registró 13 de estas especies en el occidente de Pando, a pesar de haber registrado casi 100 especies menos en total.

La avifauna en Federico Román es sorprendentemente diferente en comparación con otras partes de Pando. Schulenberg et al (2000) registró más de 60 especies que no encontramos en un inventario similar, aunque observamos unas 160 especies que él no encontró. Las comparaciones entre estos muestreos relativamente breves podrían sobreestimar las diferencias entre los sitios, observándose muchas especies raras en un solo sitio que con muestreos más intensivos se podrían encontrar en ambos sitios. Sin embargo, en Federico Román, observamos también 72 especies que no han sido registradas en los estudios continuos en la Reserva Nacional de Vida Silvestre Amazónica Manuripi, donde se han registrado más de 500 especies de aves (Miserendino, no publicado). Aunque algunas de estas especies se podrían encontrar eventualmente en la Reserva Manuripi, una diferencia de esta magnitud en sitios amazónicos cercanos es notable.

Uno de los aspectos más sobresaliente de nuestros muestreos de la avifauna fue encontrar poblaciones grandes de aves de caza en los tres sitios. Encontramos comúnmente trompeteros (*Psophia leucoptera*) y mutunes (*Mitu tuberosa*), al igual que otras grandes aves de caza, tanto en Caimán como en Piedritas, las que parecían bastante dóciles. Ya que estas especies son por lo general eliminadas o se vuelven muy asustadizas al ser cazadas, esto sugiere que al momento existe poca presión de cacería en esta región, a pesar de la significativa población humana del lado brasileño del río y de las dos poblaciones bolivianas no muy lejanas a Caimán. Mantener grandes poblaciones de estas especies en la nueva reserva propuesta constituye una meta de conservación posible de lograr. Sería también de utilidad entender por qué es tan baja la presión de la cacería, a pesar de la presencia de grandes poblaciones humanas en la región.

Los tres campamentos muestreados demostraban diferencias notables en su avifauna. Caimán sobresalía particularmente en cuanto a sus diferencias con los otros dos. Caimán tenía una avifauna de bosque de tierra firme más diversa y más abundante. En los conteos de puntos en Caimán encontramos 152 especies, mientras que en los otros dos campamentos solamente encontramos 128. Además, se registró aproximadamente 20% más aves por punto en Caimán, indicando una mayor densidad de aves. Caimán es esencialmente típico en su avifauna, en comparación con otros sitios intactos de tierra firme en la Amazonía. Piedritas y Manoa, en cambio, están bajo el promedio en términos de su avifauna típica de bosque. La diversidad de aves en estos dos últimos campamentos es sin embargo razonablemente alta, reflejando el aporte de los hábitats asociados con los ríos y un alto nivel de diversidad en la estructura del bosque.

En nuestros muestreos encontramos cuatro especies no registradas anteriormente en Bolivia y 16 especies adicionales no registradas para Pando (Apéndice 3). La mayoría de estas aves no son inesperadas, ya que han sido registradas en lugares cercanos en Brasil o Beni, pero indicarían que Pando continúa sub-explorado con respecto a aves. De las cuatro especies nuevas para Bolivia, *Amazona festiva* es común a lo largo del río Madera más al norte, en Brazil y *Brotogeris chrysopterus* y *Bucco capensis* son conocidos en otros lugares en la adyacente Rondônia. El encontrar *Conopias parva* fue más bien una sorpresa:

su rango en la literatura llega sólo hasta la ribera sur del Amazonas. Sin embargo, aparentemente está presente al menos localmente en gran parte del sur amazónico brasileño (M. Cohn-Haft, com. pers.).

Caimán

La vegetación de este campamento era predominantemente bosques de colina de tierra firme levemente talados. La mayor parte de nuestro acceso fue mediante caminos de terracería que tenían una angosta franja de crecimiento secundario en sus bordes. A pesar de esto, registramos una comunidad de aves de bosque de tierra firme muy variada en Caimán. Registramos 46 especies de aves unicamente en este sitio. Sin embargo, esto subestima en gran medida las diferencias entre Caimán y los otros dos sitios. Muchas especies de aves de bosque se encontraban en mucha mayor abundancia en Caiman que en los otros dos campamentos.

El aspecto más notable de la avifauna en Caimán fue indudablemente las bandadas de especies mixtas tanto de sotobosque como de dosel. Encontramos estas bandadas por lo general en buen número y la cantidad de especies era alta, especialmente en las bandadas de dosel. En gran parte de la Amazonía boliviana (esto es, en el noreste de Santa Cruz), estas bandadas de especies mixtas son bastante locales, especialmente en el sotobosque, y no son tan variadas como las bandadas localizadas más al norte, en la Amazonía. En Caimán, las bandadas de sotobosque eran por lo general menos variadas de lo que se esperaría en un lugar más central de la Amazonía, pero encontramos todas las especies esperadas en la zona.

Un hallazgo inusual en Caimán fue de cantidades bastante significativos de *Notharchus ordi*. Observamos por lo menos cinco individuos diferentes, incluyendo una pareja. Esta especie generalmente es rara y aunque se encuentra en forma extensa a lo largo de la Amazonía, parece estar distribuida de forma muy esparcida. Previamente había sido conocida en Bolivia sólamente por dos aves muestreadas cerca de Cobija (Parker y Remsen 1987).

Piedritas

El bosque aquí era sumamente variable en su estructura. La mayor parte de la zona era bosque de tierra firme con una alta cantidad de palmeras, pero también habían muchos sartenejales y una zona moderadamente extensa de bosque inundado asociado con un arroyo grande.

La avifauna del bosque de tierra firme era menos rica que en Caimán, con densidades bajas de muchas especies comunes. Notorias por su rareza fueron las especies de bandadas de especies mixtas y hormigueros terrestres de sotobosque. En comparación con Caimán, Piedritas tenía niveles mucho menores de actividad de aves en el bosque de tierra firme. Sin embargo, en otros hábitats, particularmente en los sartenejales bajos, los bosques inundados temporales a lo largo de un arroyo a aproximadamente 1 km al oeste del campamento, y en los hábitats a lo largo del río Madera se registraron casi igual número de especies que en Caimán.

Aunque el bosque inundado por temporadas era relativamente pequeño en la zona, la variedad de especies restringidas a este hábitat era sorprendentemente alta. De mayor interés entre estas especies estaban *Myrmotherula assimilis*, un hormiguerito restringido por lo general a islas ribereñas, y *Zebrilus undulatus*, una garza rara pero ampliamente esparcida en la Amazonía, que no había sido registrada anteriormente en Pando. Los sartenejales tenían una variedad y cantidad de aves muy baja. Apenas los saltarines (Pipridae) parecían ser relativamente comunes. Sin embargo, se registró en estos hábitats varias especies asociadas con las sabanas o matorrales de arena blanca de la Amazonía, incluyendo *Galbula leucogaster*, *Xenopipo atronitens* y *Hemitriccus striaticollis*. *Cnemotriccus fuscatus*, conocido también en el bosque de crecimiento secundario y en la espesura cerca al arroyo, era común y quizá la especie más característica en este tipo de hábitat.

Piedritas y Manoa compartían 42 especies que no registramos en Caimán. La mayoría de éstas representan especies de bosque de crecimiento secundario, como *Taraba major*, *Myiarchus ferox*, y *Chelidoptera tenebrosa*, o especies asociadas con hábitats ribereños, como aves playeras, gaviotines, martín pescadores, y golondrinas. Las especies que habitan en el bosque estaban casi todas asociadas con los bosques inundados estacionalmente o con bosques enanos que se encontraban ausentes en Caimán. Aunque Piedritas y Manoa tenían más especies de bosques secundarios que Caimán, esta parte de la avifauna no era muy común o variada. Varias especies típicamente comunes de estos hábitats no se habían registrado en ningún otro sitio, incluyendo *Tyrannus melancholicus*, *Myiozetetes similis*, y *Saltator coerulescens*.

Manoa

Al igual que Piedritas, la densidad y variedad de aves del bosque de tierra firme en este sitio era sustancial- mente menor que las encontradas en Caimán. Sin embargo, este efecto era menos severo que en Piedritas. La zona más rica de Manoa era el bosque alto en los riscos sobre los ríos Madera y Abuna. La densidad de las aves se reducía al avanzar tierra adentro en el bosque alto.

En varias áreas había bosques de poca estatura, por lo general cubierto por una enredadera de maleza cortante (*Scleria*, Cyperaceae). Estas zonas probablemente son inundadas estacionalmente. Aunque botánicamente distintos a los sartenejales de Piedritas, estos bosques contenían muchas de las mismas especies de aves. Además, había en el bosque de *Scleria* algunas de las especies restringidas a los bosques inundados estacionalmente en Piedritas (por ejemplo, *Thamnophilus amazonicus* y *Neopelma sulphureiventer*). En el borde de uno de estos bosques bajos, Stotz observó y escuchó cantar a un *Herpsilochmus* perteneciente al conjunto *atricapillus*. El verdadero *H. atricapillus* está presente en bosques deciduos en el este y centro de Bolivia, pero el ave vista en Manoa probablemente pertenece a una especie actualmente no descrita, conocida en la Amazonía brasileña al oeste del río Madera (M. Cohn-Haft com. pers.). A falta de cualquier documentación, la asignación de esta forma no descrita debe continuar

siendo tentativa. La obtención de una grabación en cinta de esta especie en Federico Román contribuiría a nuestra comprensión de este complejo grupo de especies.

AMENAZAS Y RECOMENDACIONES PRELIMINARES

La principal amenaza a la avifauna de esta zona es la destrucción del bosque. Muchos de los bosques en Brasil, justamente al otro lado del río Madera de esta zona, han sido destruidos por el desarrollo agrícola. En esta parte de Pando, las poblaciones humanas son pocas, pero la expansión de las pequeñas comunidades de Nueva Esperanza y Arca de Israel podrían amenazar los bosques de esta zona. El bosque de tierra firme alrededor de nuestro campamento Caimán ha sido talado ligeramente y se encuentra dentro de una concesión maderera. La zona alrededor de Manoa y Piedritas, aunque levemente talada hace unos 30 años, al momento no está siendo perturbada por la tala. Hubo algo de cosecha de castañas, pero sin un sistema organizado de recolección en la región. (Ver comentarios sobre este tema en la página 40.)

Grandes poblaciones de aves de caza y monos relativamente dóciles sugieren que la presión de la cacería ha sido limitada o no existente hasta este momento. Sin embargo, la alta densidad de población humana en el lado brasileño de los ríos Madera y Abuna indica que la cacería es una preocupación; de hecho, los pescadores ya utilizan de forma regular la orilla boliviana para atracar sus botes.

Esta zona en el extremo norte de Bolivia, en el noreste de Pando, contiene una rica avifauna amazónica. Las más de 400 especies que registramos en menos de tres semanas lo señala como uno de los sitios más variados de Bolivia. Sobresale particular- mente como sitio importante para una zona protegida debido a la extensa deforestación que está teniendo lugar y que continúa inmediatamente al otro lado de los ríos de la frontera con Brasil. Los pequeños asen- tamientos humanos del lado boliviano indican que no es inevitable aquí un conflicto entre el desarrollo y la conservación.

Recomendamos la creación de una gran zona protegida que incluya los bosques de colina de tierra firme en los alrededores de Caimán, al sur del Área de Inmovilización, al igual que los diferentes hábitats de bosques encontrados en el Área de Inmovilización. Los bosques cercanos a Caimán eran claramente los más ricos para las aves, con una mayor riqueza de especies y densidad poblacional. De igual modo, la zona carecía de la diversidad de hábitats que encontramos en Piedritas y Manoa. La conservación de la variedad de aves encontradas requerirá la protección de los hábitats dentro y al sur del Área de Inmovilización. La oportunidad para la conservación es inmensa.

MAMÍFEROS GRANDES

Participantes/Autores: Sandra Suárez, Gonzalo Calderón, y Verónica Chávez

Objetos de Conservación: Manechis (*Allouata sara*), marimonos (*Ateles chamek*), y primates en general; bofos o bufeos (*Inia* sp.); y mamíferos grandes comúnmente cazados como troperos (*Tayassu pecari*) y antas (*Tapirus terrestris*).

MÉTODOS

Inventariamos grandes mamíferos nocturnos y diurnos utilizando una combinación de métodos, incluyendo observaciones visuales y otras pistas secundarias, como olores distintivos, vocalizaciones, nidos o madrigueras y otros rastros dejados por animales, como huellas, marcas de masticado, agujeros, orina y heces. Estos datos fueron recolectados caminando a lo largo de transectos y caminos entre las 6:30 AM y 6:30 PM para los mamíferos diurnos y de 6:30 PM a 6:30 AM para los mamíferos nocturnos. Tres mastozoólogos completaron un total de 303.75 horas de observación a lo largo de 10 días. Dividido por sitio, esto incluye 107 horas en Caimán (4 días), 92 horas en Las Piedritas (3 días), y 104.75 horas en Manoa (3 días). Aunque se registraron las observaciones de otros biólogos, sus horas de observación no están incluidas en este cálculo.

Además de este simple método de muestreo, creamos también "trampas de huellas" a lo largo de un transecto en el sitio Piedritas, limpiando todos los restos de hojas y demás materia orgánica de un área a lo largo del transecto, cerniendo aproximadamente 1 cm de tierra sobre el claro, utilizando una malla de plástico de 2 mm. Hicimos un total de 10 raspaduras de huellas, a una distancia aproximada de 50 m, donde cada una medía aproximadamente 1 m de largo por medio metro de ancho. Estas honduras eran visitadas dos veces en días consecutivos para verificar huellas de animales. Desafortunadamente, este método resultó no ser muy efectivo, ya que prácticamente no se encontraron huellas en las raspaduras. Más bien, la mayoría de las huellas de animales registradas fueron a lo largo de las orillas de los arroyos, a lo largo del camino y en revolcaderos de lodo.

Contamos cada grupo o animal solitario como un registro, y tuvimos cuidado de no contar el mismo grupo o animal visto por varios observadores más de una vez. En cuanto a huellas, consideramos un registro por sitio, revolcadero, orilla de arroyo, o foso de lodo a lo largo de un camino. Si un animal/grupo había dejado huellas en un área, esto lo contamos como un registro, ya que no había manera de distinguir entre las huellas de un animal u otro ni el momento en que estas huellas fueron impresas. Por esta razón, nuestros registros son subestimaciones.

Muestreamos también algunos mamíferos pequeños colocando 15 trampas a presión sobre el suelo cada 15 m, y 5 trampas a presión a 1–2 m sobre el nivel del suelo en árboles pequeños, durante 8 días en total (3 días en Caimán, 3 en Piedritas, y 2 en Manoa). En las trampas se utilizó zapallo (Cucurbitaceae) sazonado con extracto de vainilla como carnada, y fueron inspeccionadas cada 24 horas por especímenes, los cuales fueron preservados inyectándoseles una solución de 10% de formalina en el abdomen, sumergiéndolos en 70% de etanol. En total, sólo 3 mamíferos pequeños fueron atrapados, y los otros 2 fueron capturados manualmente.

Estimamos la abundancia por grupo taxonómico sobre la base del número de registros durante el inventario biológico rápido. Las siguientes son las cinco categorías de abundancia en orden descendiente: abundante, más común, común, menos común, raro. Los animales que no fueron registrados fueron clasificados como "esperados." Estas son categorías amplias y toman en consideración la abundancia esperada del animal en cuestión y si los registros se basan en observaciones reales o en evidencia secundaria.

"**Abundante**" describe especies observadas comúnmente, o donde es muy común la evidencia secundaria, como por ejemplo huellas.

"**Más común**" describe especies observadas en ocasiones, o cuya evidencia secundaria es común.

"**Común**" se refiere a animales que no son difíciles de observar, o cuya evidencia secundaria normalmente está presente en la zona, pero no de manera tan extensa como las especies "más comunes."

"**Menos común**" es una categoría que incluye especies que normalmente no son comunes, pero que se registran más de una vez.

"**Raro**" es utilizada para especies que casi nunca se observan pero que fueron registradas por lo menos una vez.

Algunas especies fueron registradas varias veces, pero fueron ubicadas en categorías diferentes de abundancia. Esto se debe a la abundancia esperada de esa especie en particular en las zonas muestreadas. Por ejemplo, los bufeos, o delfines rosados (*Inia boliviensis*) no están presentes en la mayoría de las regiones de Pando, pero cuando ocurren es de manera común. Registramos bufeos apenas cuatro veces, pero les asignamos una abundancia estimada de "común." Por otra parte, registramos monos nocturnos (*Aotus nigriceps*; Figura 6D) siete veces, siendo tres de estos registros observaciones directas, las que fueron clasificadas también bajo la categoría "común."

La nomenclatura ha sido utilizada para mamíferos grandes (con la excepción de los primates) de acuerdo a Emmons (1997). La nomenclatura para primates es según Rowe (1996).

RESULTADOS

Registramos un total de 44 especies en toda la zona muestreada, donde 39 de las mismas se trataban de mamíferos grandes. Esto representa el 80% de los 51 mamíferos grandes esperados para la zona. Nuestra lista de especies esperadas está basada en lo que ocurre en otras zonas de Pando y en los mapas de distribución (Rowe 1996, Emmons 1997).

En general, el área demostró tener una alta diversidad y densidad de mamíferos grandes, incluyendo 10 especies de primates. Aunque se percibía que las poblaciones de mamíferos grandes que son cazados comúnmente eran saludables en la región, observamos diferencias en la abundancia de especies en los tres sitios, sin duda debido a los diferentes grados de intervención humana.

Caimán

El sitio de muestreo Caimán era el más poblado por humanos, con dos comunidades y un puesto militar cercano a las mismas. Además, del lado brasileño del río Madera se encuentra el poblado de Araras, junto a una autopista altamente transitada. Los efectos de esta actividad humana fueron aparentes en la densidad y tipos de especies que registramos en Caimán. Aunque la densidad de grandes mamíferos era alta, habían varias diferencias en comparación con los otros dos sitios muestreados (Piedritas y Manoa). Las antas (*Tapirus terrestris*; Figura 6E), por ejemplo, eran mucho más comunes en los otros dos sitios. Esto puede deberse a la mayor cacería en Caimán, pero podría también deberse en parte a la ubicación de nuestros sistemas de senderos, que por lo general se trataron de caminos y senderos relativamente cercanos a los asentamientos humanos. Es menos probable que las antas transiten por esas zonas.

La densidad de primates era también diferente en Caimán, siendo las especies más abundantes las pertenecientes a los grupos de chichilos (*Saguinus fuscicollis* y *S. labiatus*) y monos negros (*Cebus apella*). Estas especies se desarrollan bien en bosques perturbados y cercanos a los asentamientos humanos, Aunque los monos negros son cazados con frecuencia, la comunidad de Arca de Israel sostiene que no los cazan con propósitos religiosos. La población local de monos negros era saludable y no se mostraban asustadizos con la gente. Un comportamiento similar en el grupo de *Saguinus* nos lleva a la conclusión que la cacería de primates en la zona es mínima, haciendo de éste un buen sitio para la investigación de primates. Las bajas densidades de otras especies de primates, como parabacúes (*Pithecia irrorata*) y toranzos (*Cebus albifrons*), y la ausencia de algunas especies como los manechis (*Alouatta sara*) y los marimonos (*Ateles chamek*), probablemente se deban a la actividad maderera. Estos animales tienden a asustarse por el ruido y la gente.

De forma similar, la población de felinos (Felidae) era un poco menor que en los otros dos sitios, y casi todos los registros fueron de huellas. Esto probablemente se debe a la actividad maderera y humana.

Habia una alta densidad de meleros (*Eira barbara*) en Caimán, en comparación con ningún registro en los otros dos sitios. Aunque sospechamos que los meleros están presentes en los otros sitios, su alta densidad en Caimán demuestra su capacidad para vivir en hábitats perturbados y cercanos a poblaciones humanas (Emmons 1997).

De particular interés en este sitio fue el posible descubrimiento de una nueva especie de jochi (*Dasyprocta*) para Bolivia, o incluso quizás para la ciencia. Varios investigadores detectaron una especie muy oscura o negra de jochi en varias ocasiones. No fue posible una identificación clara, siendo necesaria una mayor investigación y muestreo de este espécimen para poder identificar la especie. Podría tratarse del jochi negro (*Dasyprocta fuliginosa*) que se encuentra más al norte en partes de Brasil, Ecuador, Perú, Colombia y Venezuela, y cuyo rango hacia el sur llega cerca de Pando. Esto significaría una extensión significativa de su alcance hacia el sur. Es posible que se trate de una especie nueva.

La comadreja (*Micoureus demerarae*) fue un otro registro nuevo de mamífero para Pando.

Piedritas

Piedritas nos pareció el menos perturbado de los tres sitios, sin alguna población humana cercana y sólo una carretera cerca del río del lado brasileño. En base a la alta densidad y diversidad de mamíferos grandes en este sitio, estaba claro que la presión de la cacería es mínima. Se registraron en la zona especies comúnmente cazadas, que por lo general son las primeras en desaparecer ante la presión de la cacería. Por ejemplo, se registraron chanchos troperos (*Tayassu pecari*) y manechis (*Alouatta sara*), y eran muy aparentes las poblaciones saludables de mamíferos comúnmente cazados como antas (*Tapirus terrestris*), urinas y guazos (*Mazama* spp.). Otras especies comúnmente cazadas como jochis (*Dasyprocta variegata*), pacas (*Agouti paca*) y chanchos (*Tayassu tajacu*) eran también muy abundantes.

De las 10 especies de primates que registramos para Federico Román, nueve fueron registradas en Piedritas. La única excepción, el marimono (*Ateles chamek*), es normalmente muy difícil de encontrar en Pando y probablemente sí existe en el sitio muestreado. La cantidad de primates en Las Piedritas era alta y la variedad de especies era excepcional, mayor que en los otros sitios.

De particular interés en Piedritas fue una nueva ardilla (*Sciurus* sp.) para Bolivia, siendo ésta quizás una nueva especie para la ciencia. Varios de los investigadores observaron una ardilla roja grande con la base de la cola de color castaño oscuro y vientre blanco. Esta especie no ha sido registrada para la zona, y podría tratarse de la ardilla roja de Junín (*Sciurus pyrrhinus*), conocida en una pequeña zona localizada en el bosque montano central de Perú. Está podría ser una extensión de su rango, al igual que de su hábitat. Se requiere de mayor investigación y un espécimen para determinar la especie.

Manoa

El último sitio muestreado, Manoa, era similar a Piedritas en cuanto a diversidad y densidad de mamíferos grandes, a pesar de la considerable presencia de actividad humana del lado brasileño del río Madera. La población de Abunã, en el estado brasileño de Rondônia, queda justo al otro lado del río. Una autopista principal cruza por el poblado e incluye un cruce de barcaza sobre la desembocadura del río Abuna. El tráfico de la carretera, al igual que el ruido de las barcazas, se pueden escuchar claramente dentro del bosque del lado boliviano. Esto podría explicar la disminución de registros de ciertas especies en comparación con los dos sitios anteriores, particularmente en relación a los felinos, donde hubo sólo un registro (*Leopardus pardalis*). Sin embargo, las poblaciones de especies comúnmente cazadas, como el anta (*Tapirus terrestris*), eran saludables. Incluso algunas de las especies más raras y difíciles de observar, que son las primeras en desaparecer por lo general con la presión de la cacería, como los manechis (*Alouatta sara*) y marimonos (*Ateles chamek*), fueron avistados. Éstas son buenas indicaciones que la presión de la cacería en la zona es mínima. (No se observaron marimonos ni tejones [*Nasua nasua*] en los otros dos sitios, aunque seguramente estaban presente.)

El delfín rosado, bufeo, o boto (*Inia boliviensis*) fue visto también sólo en este sitio de muestreo. Podría no existir más arriba en el río Madera, donde estaban ubicados nuestros otros sitios. Algunos científicos consideran a la especie en esta región como una especie distinta a la forma brasileña más común (*Inia geoffrensis*). Los delfines del alto Madera constituyen una población aislada, y de ser considerados como especie separada, serían entonces endémicos a la región (Emmons 1997).

De las 10 especies de primates esperadas para la zona, se registraron ocho. De forma sorprendente a lo largo de todo el inventario de Federico Román, no se observó nunca al soqui soqui (*Callicebus* sp.). Lo escuchamos una vez en Piedritas y una vez en el lado brasileño del río Abuna a través del sitio Manoa (no registrado para este inventario biológico rápido). Los soqui soquis son comunes en la mayor parte de Pando, y por lo general no son difíciles de detectar. Extrañamente, casi no hubo vocalizaciones de esta especie, lo que significa que son raros en la zona. Este género se encuentra bajo revisión taxonómica (van Roosmalen 2002), y la taxonomía no es clara en Pando. Será interesante contar con registros claros o especímenes para todo el departamento, incluyendo Federico Román.

AMENAZAS

La amenaza más clara para los mamíferos grandes de Federico Román es la cacería. Hay presión del lado brasileño de la frontera, a través de la cual cruzan los cazadores para cazar en Bolivia. En Manoa, escuchamos disparos de rifle al otro lado del río Abuna, en una pequeña franja de bosque que todavía queda. La pesca por parte de brasileños es también bastante alta. Algunas personas que sabían de nuestra presencia en la zona mostraron mucho interés en utilizar nuestros senderos para cazar ni bien partiéramos. En Caimán, la cacería constituye también una amenaza para la población local de mamíferos, pero en este caso no sólo por parte de los brasileños, sino también de las comunidades locales.

La destrucción de los hábitats en Federico Román es mínima en comparación con otras partes de Pando. Sólo en Caimán era una amenaza para los mamíferos, como resultado de la actividad maderera y en alguna medida de las comunidades locales. Por ejemplo, los grandes claros comunitarios de Arca de Israel para agricultura de subsistencia probablemente amenacen más a ciertas especies que los típicos claros pequeños abiertos por la mayoría de las comunidades en Pando. Los madereros activos en el vecino país de Brasil, que podrían extraer madera de Bolivia, son también motivo de preocupación.

La contaminación por ruido de la autopista en Rondônia podría afectar negativamente algunas especies en Federico Román, particularmente los felinos, obligándolos a migrar más lejos de la frontera.

Esto se percibe más en Manoa, pero probablemente no constituye una seria amenaza para la población.

Mineros de oro a lo largo de los ríos Abuna y Madera también constituyen una amenaza. El uso de mercurio para la extracción de oro constituye un serio peligro para la vida acuática, y en el caso particular de los mamíferos, para la población de bufeos. De igual manera, los desechos que han quedado como consecuencia de la fiebre de oro en la década de los ochenta— esto es los cientos de dragas a lo largo de ambos ríos— se están oxidando en el agua y son ofensivos a la vista.

RECOMENDACIONES

Antes que nada, recomendamos que el Área de Inmovilización Federico Román sea conservada como una Reserva Nacional de Vida Silvestre, incluyendo las actuales concesiones madereras al sur. Ésta es una zona de gran densidad y variedad de mamíferos, es rica en primates, y tiene algunas especies posiblemente nuevas para Bolivia, o para la ciencia. El área está caracterizada por bosques deshabitados, bien mantenidos, y representan la extensión occidental del escudo brasileño, conservando algunas especies que están desapareciendo ya del otro lado de la frontera, en Brasil.

La mayoría de las amenazas para la zona, como la cacería, se deben a actividades humanas que se infiltran desde Brasil. Recomendamos que estos peligros sean controlados legalmente, asignándole a la zona estatus de área de conservación, con acuerdos internacionales sobre vías fluviales comunes. De igual manera, la contaminación por ruido podría reducirse considerablemente imponiendo un límite de velocidad más estricto y quizá construyendo un puente en el actual paso de barcazas. Obviamente, dichas actividades tendrían que involucrar la cooperación de las organizaciones brasileñas. Podría incluso ser posible proteger la pequeña franja de bosque que queda en Brasil al norte del río Abuna como zona de amortiguamiento. Los proyectos internacionales de esta naturaleza pueden ser muy alentadores para la creación de esfuerzos cooperativos de conservación y pueden ayudar a evitar conflictos internacionales.

Por último, recomendamos una mayor investigación del área. Se podrían muestrear los mamíferos pequeños. Además, estos bosques serían excelentes para llevar a cabo estudios de comportamiento de primates y casi todos los otros mamíferos locales, ya que la mayoría no se asustan de la gente. La zona podría también ser útil para investigaciones comparativas de los efectos de la población humana sobre la vida silvestre. Finalmente, hay mucho interés en determinar las especies de varios mamíferos en la zona, como: manechis (*Alouatta sara* o *A. seniculus*), soqui soquis (*Callicebus* sp.), ardillas (*Sciurus* sp.), jochis (*Dasyprocta* sp.) y botos o bufeos (*Inia boliviensis* o *I. geoffrensis*). Muchos de estos aspectos taxonómicos podrían ser abordados localmente y también a nivel de departamento.

COMUNIDADES HUMANAS

Participantes/Autoras: Alaka Wali y Mónica Herbas

Objetos de conservación: Uso de bajo impacto de productos no maderaables, como castaña, frutos de palmeras, hierbas medicinales; horticultura diversa a pequeños animales domésticos.

METODOLOGÍA

Del 21 al 25 de julio del 2002 usamos técnicas de observación participativa, entrevistas estructuradas y semi-estructuradas, y reuniones en el pueblo para nuestra evaluación social.

HISTORIA

La reciente historia de asentamiento en la región comenzó a fines de la década de los setenta, con el descubrimiento de oro por parte de brasileños, quienes rápidamente reclutaron a bolivianos para trabajar con ellos y establecer su denuncio sobre el oro. En 1982, los mineros de oro bolivianos establecieron una cooperativa minera, y en 1983 el gobierno boliviano estableció un pequeño puerto naval y base militar sobre el río Madera. El auge de la actividad minera de oro llegó a su punto culminante a mediados de los ochenta, momento en el cual, según los pobladores locales, literalmente habían miles de pequeñas dragas sobre el río y en las zonas aledañas. Se utilizaba mercurio para procesar el oro y los pobladores contaban de la contaminación. La población humana en la región en aquella época se calculaba llegaba a los miles. Según los bolivianos que vivieron la fiebre de oro, había una alta incidencia de violencia y crimen asociados con la extracción de oro, aunque principalmente del lado brasileño del río. De 1983 a 1992, la cooperativa minera boliviana (que tenía entonces el nombre de Nueva Esperanza) inició una batalla sin tregua contra la compañía minera EMICOBOL que también buscaba su denuncio en una gran zona dentro de la región. Los que participaron en el esfuerzo por retener las tierras de la cooperativa desarrollaron estrategias organizativas, aprendieron a hacer uso de la ley y de asegurar su denuncio y sus derechos económicos. Eventualmente lograron establecer el pueblo de Nueva Esperanza, que adquirió su personería jurídica en 1991 y, en 1996, luego de varios años de esfuerzo, lograron hacer de Nueva Esperanza la capital de la provincia.

Para principios de la década de los noventa, sin embargo, el auge del oro llegaba a su fin. Muchas personas empezaron a salir de la región y la población disminuyó. Sin embargo, ha persistido continuamente una pequeña cantidad de gente desde principios de los noventa y estos nuevos migrantes forman hoy el eje de la población de la región. Con la aprobación de la nueva ley forestal en 1996, comenzaron a otorgarse concesiones madereras y se estableció el campamento maderero de Los Indios. La principal gran migración nueva tuvo lugar hace apenas dos años, al migrar en masa una comuna religiosa que estableció la comunidad de Arca de Israel, río arriba de Nueva Esperanza, sobre las riberas del río Madera (Figuras 2D, 7C). Esta comuna forma parte de un grupo religioso internacional, "*La Asociación Evangélica de la Misión Nuevo Pacto Universal*," que tiene sus orígenes en Perú y probablemente es milenarista en su concepción. Para el 2002, dos comunidades adicionales

se habían formado en la región—La Gran Cruz (que incluye en parte miembros de la misma comuna religiosa) y Puerto Consuelo. Ambas están intentando obtener su personería jurídica.

DEMOGRAFÍA

Este informe se enfoca en las dos comunidades bolivianas que visitamos, Nueva Esperanza y Arca de Israel. Ambas comunidades están compuestas de migrantes, habiendo llegado la mayoría a la región a partir de 1990. Según los datos suministrados por funcionarios de Nueva Esperanza, la población total del municipio es de más de 500 personas, con unas 136 en Nueva Esperanza y unas 415 en Arca de Israel. El patrón de asentamiento en ambos casos ha sido el de un pueblo concentrado, con viviendas alineadas a lo largo para formar "calles." Nueva Esperanza tiene una plaza en la que están ubicadas las oficinas del gobierno provincial y municipal. La edificación dominante en Arca de Israel es una gran iglesia o templo donde se reúne la comunidad para su culto religioso. De lo que pudimos discernir, los hogares están compuestos de familias nucleares en ambos casos.

Existen varias diferencias claves entre las dos poblaciones. Los habitantes de Nueva Esperanza parecen provenir principalmente del Departamento de Beni, el que a igual que Pando ecológicamente forma parte de la selva tropical. Los pobladores nos contaron que habían llegado a la región en búsqueda de oro y decidieron quedarse aún cuando no lo encontraron. Por otro lado, los habitantes de Arca de Israel son casi todos de zonas de la serranía, de Potosí, Chayanta-Norte, Cochabamba, y Oruro. Según lo que nos relataron, habían estado viviendo en una situación de pobreza y de constantes conflictos de tierras como resultado de problemas de fragmentación, erosión, y propiedad de la tierra. Para ellos, Federico Román es un refugio y lo ven como una oportunidad para expandirse en el amplio terreno a su alrededor. Según la enfermera de la clínica en Nueva Esperanza, a los pobladores de Arca de Israel no les interesa realmente el control de la natalidad. Los pobladores de Arca de

Israel también nos informaron que tienen la intención de traer a otros miembros familiares y paisanos religiosos a la región ni bien les sea económicamente factible hacerlo. Algunos miembros de la comuna ya han puesto un segundo pie adentro en la región, en las proximidades del asentamiento de La Gran Cruz. También se está formando un tercer asentamiento.

ECONOMÍA

En ambas comunidades predomina un estilo de vida de subsistencia, con una fuerte dependencia de la horticultura de tala y quema. Los principales cultivos son yuca y arroz. La principal diferencia entre las dos comunidades es que mientras que la gente de Nueva Esperanza utiliza parcelas pequeñas (cada familia cultiva la suya), la gente de Arca de Israel despeja grandes parcelas (50 hectáreas o más) para el cultivo comunitario. Así, en vez de que cada hogar trabaje la suya, en Arca de Israel el trabajo es asignado a "grupos de trabajo" compuestos de 20 individuos. Cada grupo tiene un líder y la comunidad decide colectivamente qué grupo trabajará en un día determinado. Todos los recursos son entonces redistribuidos de forma igual entre los miembros de la comuna (aunque podría ser que las familias con mayor número de hijos reciben más alimentos, etc.).

No está claro el grado de la cacería y pesca en estas dos comunidades. Según los pobladores de Arca de Israel, no cazan para nada, dependiendo más bien de sus propios animales (cerdos, gallinas, ovejas) para su carne. Los pobladores de Nueva Esperanza aparentemente dependen también más de sus animales (cerdos, ganado, gallinas) para su carne, aunque podrían cazar ocasionalmente. La gente sí pesca con propósitos de subsistencia.

La principal fuente de ingresos en efectivo en Nueva Esperanza es el empleo en el gobierno municipal y provincial y el trabajo en proyectos financiados por el gobierno para obras de mejoramiento de la infraestructura en la comunidad (como el Plan Nacional de Empleo [PLANE] y el Programa Integral de Empleo [PIE]). Otros ingresos adicionales se derivan de la venta de productos agrícolas (p.ej., arroz), la venta de ganado (aunque parece que sólo una o dos familias tienen ganado), y la venta de castañas cuando están en temporada. La gente de Nueva Esperanza continúa trabajando en minería de oro a pequeña escala.

En Arca de Israel, la principal fuente de ingresos es la venta de arroz. Es interesante notar que las mujeres aquí continúan tejiendo textiles tradicionales encontrados en sus tierras de la serranía (Figura 7C). Sin embargo, no han comenzado todavía a comercializar sus textiles. Ambas comunidades tienen fuertes vínculos comerciales con las comunidades brasileñas del otro lado del río Madera. Parece que muchas personas de Nueva Esperanza venden sus productos (arroz, ganado) directamente a comerciantes en Araras (por ejemplo, durante nuestra estadía un hombre sacrificó y vendió una res a un propietario de una tienda grande en Araras). La gente de ambas comunidades transporta sus productos por lancha al otro lado del río, y de ahí los transportan por carretera en Brasil hasta Guajará-Mirim, cruzando de ahí de regreso a la ciudad boliviana de Guayaramerín. Existen muchos vínculos con comerciantes en ese lugar (al igual que vínculos familiares con la gente de Nueva Esperanza).

Además de la horticultura, las únicas otras actividades económicas son también a muy pequeña escala—un molino de procesamiento de arroz en Nueva Esperanza, una planta de procesamiento de castañas (que sin embargo no está en operación por falta de repuestos) y una nueva pequeña empresa de elaboración de ladrillos a pequeña escala—todas en Nueva Esperanza.

En síntesis, las actividades económicas en las dos comunidades tienen lugar en su totalidad dentro de un contexto regional y no vinculan a estas comunidades con los mercados más grandes a nivel nacional e internacional. La única excepción es la actividad maderera dentro de las concesiones (pero, aparentemente, ninguna persona de estas dos comunidades trabaja en el campamento maderero).

ORGANIZACIÓN SOCIAL: INFRAESTRUCTURA E INSTITUCIONES

Las dos comunidades difieren en su forma de organización social. Nueva Esperanza está organizada en torno a sus instituciones políticas y civiles, además de las formas sociales dictadas por parentesco y las redes familiares. Arca de Israel, por otra parte, está organizada a través de su estructura religiosa, aunque parece existir también una estructura paralela de gobierno dictada por las normas que rigen en su personería jurídica. Parece ser que en Arca de Israel incluso la formación de los hogares y los vínculos familiares están sujetos a las normas religiosas de la comunidad.

Nueva Esperanza es la cabecera municipal y provincial, y estas instituciones (la alcaldía, la subprefectura, la oficina del corregidor) son los principales vehículos a través de los cuales la comunidad fija las leyes y normas de gobierno. Existen también otras instituciones gubernamentales, como la Base Naval, la clínica de salud y la escuela (que llega hasta el nivel intermedio). Arca de Israel apenas cuenta con una escuela y un pequeño puesto de salud. Asimismo, la gente en Nueva Esperanza está afiliada a partidos políticos (un hecho bastante notorio durante nuestra visita debido a las recientes elecciones), los que en ocasiones parecen definir las alianzas o las líneas de división. Fue interesante notar que Arca de Israel decidió colectivamente unirse a un solo partido y votar de manera uniforme por un candidato presidencial. De hecho, el grupo religioso como un total a nivel nacional votó en masa. Su razonamiento es que esto les dará una medida de poder político. Los pobladores nos informaron que su líder religioso había recibido una señal de que el candidato del partido Movimiento Nacional Revolucionario—MNR ganaría las elecciones, de modo que éste fue el partido por quien votaron todos. (Y ganó.) Los miembros de Arca de Israel nos discutieron muy francamente sus estrechos vínculos con la organización religiosa a nivel nacional y el mandato de dicha organización de expandirse.

Aunque todas las instituciones nacionales y departamentales se encuentran presentes aquí, las relaciones entre los gobiernos nacional y departamental y las comunidades locales (especialmente Nueva Esperanza) han sido conflictivas. Existe la percepción que estas instituciones han ignorado y abandonado a la provincia de Federico Román por su ubicación tan remota. Por ejemplo, la gente expresó una gran insatisfacción con el establecimiento de las concesiones madereras bajo la nueva ley forestal, porque, en efecto, las tres concesiones cubren más de la mitad de la tierra perteneciente a la provincia e incluyen la zona circundante a la cabecera municipal.

Las instituciones u organizaciones civiles en Nueva Esperanza incluyen: dos lugares de adoración (una iglesia católica y una evangélica); un club de madres (organización de madres muy común en todo Bolivia); un club deportivo (los hombres con frecuencia juegan fútbol por las tardes y participan en campeonatos contra equipos de poblados vecinos en Brasil); una Organización Territorial de Base (OTB) que incluye el Comité de Vigilancia y monitorea las acciones del gobierno local. Más recientemente, los pobladores de Nueva Esperanza han aprovechado la nueva ley forestal para formar una Asociación Social del Lugar (ASL), que es un tipo de cooperativa diseñada para darles a las comunidades la oportunidad de desarrollar tanto actividades de tala como de extracción maderera dentro de los bosques locales. La ASL, al igual que las compañías madereras, puede presentar un plan de manejo forestal a la Superintendencia Forestal y luego iniciar estas actividades con el propósito de generar empleo y por consiguiente ingreso. En Arca de Israel, la iglesia es la principal institución civil.

El liderazgo de las comunidades parece surgir principalmente de las instituciones civiles y organizaciones gubernamentales. En Nueva Esperanza con los años se han ido dando cambios en el liderazgo, pero existe un grupo reconocido de hombres mayores que ejercen su influencia en las decisiones comunitarias. Las mujeres, sin embargo, son también muy activas en las instituciones civiles y políticas y articulan sus opiniones con libertad. Aparentemente, las mujeres son protagonistas claves en la ASL. En Arca de Israel, el liderazgo surge de la iglesia, la que está estrechamente integrada a las estructuras políticas y de gobierno.

Ambas comunidades están vinculadas con los centros urbanos regionales y nacionales, principalmente a través de radio teléfonos. Los caminos en la región son de mala calidad y la mayoría depende del sistema vial y de transporte brasileño para llegar a cualquier parte. Algunas personas en Nueva Esperanza cuentan con vehículos (motocicletas, botes a motor) y la comunidad de Arca de Israel tiene un camión y varios botes a motor.

DISCUSIÓN Y ANÁLISIS

Está claro que las comunidades de la región presentan oportunidades sustanciales para la efectiva colaboración en la conservación y administración a largo plazo del refugio de vida silvestre propuesto, pero también presentan algunos obstáculos. La mayor ventaja en ambas comunidades es su expreso deseo de participar en la conservación y en el manejo de las tierras que les pertenecen de forma compatible con la administración de la tierra a largo plazo. En todos los casos, la gente expresó un gran interés en aprender más sobre la diversidad biológica de la región. La existencia de la ASL en Nueva Esperanza es una señal esperanzadora de un posible socio para el trabajo de conservación. En general, parece que la comunidad de Nueva Esperanza está avanzando hacia una forma más activa y organizada de manejo de los recursos y de decisión comunitaria. Habiendo transformado la cooperativa minera en un verdadero asentamiento y luego de obtener el estatus de capital de provincia, los habitantes están comprometidos con mantener su posición en la región. En Arca de Israel, la fuerte organización comunitaria puede también facilitar una buena alianza.

En ambas comunidades existe una fuerte aspiración de lograr una mejor calidad de vida (aunque los índices exactos de lo que esto involucraría requieren de una mayor investigación). Con esto en mente, ambas comunidades están emprendiendo ahora varias estrategias para aumentar sus ingresos, encontrar alternativas económicas productivas (particularmente a la minería de oro) y establecer buenas reglas de gobierno y procesos de toma de decisión para sus respectivos asentamientos. Ambas comunidades cuentan con planes muy específicos para el futuro inmediato. La gente de Nueva Esperanza, a través de la ASL, tiene la intención de consultar a expertos forestales para desarrollar su plan de manejo y revitalizar la planta de procesamiento de castañas, al igual que encontrar otras labores no madereras y comenzar actividades de extracción a pequeña escala. En Arca de Israel, parece que en el futuro cercano la producción intensiva de arroz será el principal vehículo económico.

Los principales obstáculos para desarrollar buenas alianzas basadas en las acciones de conservación se centran en: 1) la falta de capacidad local para acceder a conocimientos técnicos para el manejo sólido de los recursos; 2) la falta de conocimientos sobre el uso sostenible del ecosistema (especialmente en el caso de los pobladores de Arca de Israel que han venido de la sierra y que prácticamente no parecen tener conocimientos sobre el ambiente de la selva tropical; no tanto así los de Nueva Esperanza, que en su mayor parte provienen de Beni); y de manera más importante, 3) la desconfianza de las agencias o instituciones gubernamentales (y probablemente también no gubernamentales) externas.

Una de las principales amenazas a los posibles esfuerzos de conservación es la intención de los pobladores de Arca de Israel de colonizar más tierras a lo largo del río Madera, a través de la promoción de una expansión de la migración a la región por parte de familiares y amistades que continúan en la sierra. Otra amenaza surge de la posible actividad maderera en la región que, de no ajustarse estrictamente a la Ley Forestal, no sólo tiene el potencial de degradar el ecosistema sino también de establecer un precedente para la explotación intensiva de los recursos donde será difícil evitar que los pobladores de la región sigan en sus pasos. Una última amenaza es la persistencia de la actividad minera de oro en la región y el anhelo continuo por parte de algunos pobladores de "hacerse ricos" descubriendo alguna vena más de oro.

Los potenciales objetos de conservación que involucran la interacción humana con el paisaje natural incluyen:

1) Actividades de extracción de la castaña, que de ser manejadas adecuadamente podrían constituir una fuente de ingresos con un uso de bajo impacto de los recursos naturales;

2) Mantenimiento de pequeñas huertas hortícolas de subsistencia a pequeña escala (como las de Nueva Esperanza)—parcelas de entre 1–3 hectáreas con cultivos diversificados que quedarían sin cultivar durante largos períodos luego de su uso inicial;

3) Extracción de productos forestales no madereros como el fruto de la palmera asaí (*Euterpe*), otros frutos de palmera, y hierbas medicinales;

4) Mejor cuidado en el manejo de pequeños animales (gallinas, chivos, ovejas) para el consumo;

5) La pesca con fines de subsistencia.

En Nueva Esperanza, las siguientes características constituyen potenciales activos o fortalezas que podrían convertirse en la base para un sólido desarrollo participativo o colaborativo de administración de las zonas protegidas y de las zonas de amortiguamiento en las que están ubicadas las comunidades:

1) Existencia de la Asociación Social del Lugar (ASL), que podría ser el principal socio a nivel local con quien se podría desarrollar planes de manejo de los recursos y donde se podría encontrar a personas dispuestas a trabajar en el inventario, monitoreo y otras acciones relacionadas con la conservación;

2) Existencia de un liderazgo comunitario efectivo, como se manifiesta en las organizaciones locales (OTB y Comité de Vigilancia) y el liderazgo del gobierno municipal (esto es, los concejales);

3) Participación activa de las mujeres en las estructuras de toma de decisión tanto a nivel del hogar como de la comunidad;

4) El interés por parte de los maestros y maestras de escuela y de varios padres y madres de menores de edad escolar de acceder a más materiales y planes de estudio relacionados con la educación ambiental;

5) El profundo interés por parte de los miembros de la comunidad en el trabajo científico del inventario biológico rápido y su deseo de ser informados de los resultados.

En Arca de Israel, encontramos las siguientes características sociales positivas:

1) Un estilo de vida comunitario con respecto a la división del trabajo y de los recursos, que constituye un indicador del alto grado de organización social;

2) La comunidad se estableció hace poco tiempo y sus miembros parecen estar abiertos a maneras de utilizar la tierra de una forma compatible con la conservación;

3) La ausencia de cualquier intención de participar en la minería de oro;

4) La existencia de artesanías (tejidos, por ejemplo, que continúan las tradiciones de zonas de la sierra) que podrían constituir una fuente de ingresos a pequeña escala pero que también ayudan a preservar la identidad y diferenciación comunitaria e igualmente actúan como una manifestación de la creatividad de la gente.

Las siguientes son nuestras recomendaciones para el trabajo de seguimiento con las comunidades:

1) Compartir inmediatamente los resultados del inventario biológico rápido con ambas comunidades, quizá a través de asambleas, e invitarles a exponer sus comentarios sobre las formas de participación en los procesos involucrados al otorgarse a la zona el estatus de protección permanente, aplicando un proceso de diseño de conservación;

2) Asegurar que el proceso de titulación de tierras en proceso actualmente con el INRA (Instituto Nacional de Reforma Agraria) garantice cierta medida de seguridad y estabilidad para las poblaciones locales sin dejar la puerta abierta a la colonización descontrolada o rápida debido a la mayor migración;

3) Proveer rápidamente asesoramiento técnico para la ASL en Nueva Esperanza y para los líderes comunitarios de Arca de Israel sobre el desarrollo de estrategias y planes de bajo impacto al uso de la tierra;

4) Realizar una evaluación participativa más intensiva para obtener estrategias, visiones, y capacidades comunitarias para una calidad de vida sostenible pero de alto nivel.

APÉNDICE—La Comunidad de Araras (Brasil)

Aunque no realizamos entrevistas y observaciones extensas en Araras (Rondônia), sí intentamos entender las relaciones entre sus pobladores y el Área de Inmovilización y sus inmediaciones del otro lado del río Madera. Es interesante notar que nadie en Araras parece tener un bote o motor para cruzar el río, de modo que las visitas al lado boliviano no forman parte de la vida de los habitantes de este lugar. Sin embargo, existen estrechos vínculos comerciales y en algunas instancias amistades, como indicadores del compartir de los recursos entre los pobladores de Araras y los de Nueva Esperanza. Al igual que sus contrapartes bolivianos, la mayoría de los pobladores de Araras parecen haber sido atraídos a la región durante la fiebre de oro. Muchos provienen de otros lugares de la Amazonía brasileña. Al momento, las principales ocupaciones son la minería de oro (a pequeña escala), el comercio (hay tiendas, restaurantes, una gasolinera, un taller de mecánica y otros negocios pequeños) y el trabajo por jornal en las vecinas haciendas ganaderas. Existe una escuela, pero la clínica de salud fue cerrada hace poco y la gente debe acudir al siguiente pueblo por la carretera para obtener asistencia médica. Existen cuatro iglesias (una católica, y tres evangélicas).

Recomendamos más estudios sobre las actividades económicas en Araras y las comunidades adyacentes para verificar el alcance de su participación en Bolivia. Los programas de educación ambiental podrían ser una forma efectiva de llegar a la gente que vive aquí para su participación en la administración de la zona de amortiguamiento alrededor del Área.

ENGLISH CONTENTS

(for Color Plates, see pages 13-20)

FIELD TEAM

William S. Alverson (*plants*)
Environmental and Conservation Programs
The Field Museum, Chicago, IL, USA

Daniel Ayaviri (*plants*)
Centro de Investigación y Preservación de la
Amazonía, Universidad Amazónica de Pando
Cobija, Pando, Bolivia

John Cadle (*amphibians and reptiles*)
Department of Herpetology
Chicago Zoological Society, Brookfield, IL, USA

Gonzalo Calderón (*mammals*)
Centro de Investigación y Preservación de la
Amazonía, Universidad Amazónica de Pando
Cobija, Pando, Bolivia

Verónica Chávez (*mammals*)
Herencia
Cobija, Pando, Bolivia

Johnny Condori (*birds*)
Centro de Investigación y Preservación de la
Amazonía, Universidad Amazónica de Pando
Cobija, Pando, Bolivia

Robin B. Foster (*plants*)
Environmental and Conservation Programs
The Field Museum, Chicago, IL, USA

Lucindo Gonzáles (*amphibians and reptiles*)
Herencia
Cobija, Pando, Bolivia

Marcelo Guerrero (*amphibians and reptiles*)
Centro de Investigación y Preservación de la
Amazonía, Universidad Amazónica de Pando
Cobija, Pando, Bolivia

Monica Herbas (*social characterization*)
Herencia
Cobija, Pando, Bolivia

Lois Jammes (*coordinator, pilot*)
Santa Cruz de la Sierra, Bolivia

Romer Miserendino (*birds*)
Herencia
Cobija, Pando, Bolivia

Debra K. Moskovits (*coordinator, birds*)
Environmental and Conservation Programs
The Field Museum, Chicago, IL, USA

Julio Rojas (*coordinator, plants*)
Centro de Investigación y Preservación de la
Amazonía, Universidad Amazónica de Pando
Cobija, Pando, Bolivia

COLLABORATORS

Pedro M. Sarmiento O. (*field logistics*)
Yaminagua Tours
Cobija, Pando, Bolivia

Brian O'Shea (*birds*)
Environmental and Conservation Programs
The Field Museum, Chicago, IL, USA

Antonio Sota (*plants*)
Herencia
Cobija, Pando, Bolivia

Douglas F. Stotz (*birds*)
Environmental and Conservation Programs
The Field Museum, Chicago, IL, USA

Sandra Suárez (*mammals*)
Department of Anthropology
New York University, New York, NY, USA

Janira Urrelo (*plants*)
Herbario Nacional de Bolivia
La Paz, Bolivia

Alaka Wali (*social characterizacion*)
Center for Cultural Understanding and Change
The Field Museum, Chicago, IL, USA

Juan Fernando Reyes
Herencia
Cobija, Pando, Bolivia

Comunidad Nueva Esperanza
Pando, Bolivia

Comunidad Arca de Israel
Pando, Bolivia

The Field Museum

The Field Museum is a collections-based research and educational institution devoted to natural and cultural diversity. Combining the fields of Anthropology, Botany, Geology, Zoology, and Conservation Biology, Museum scientists research issues in evolution, environmental biology, and cultural anthropology. Environmental and Conservation Programs (ECP) is the branch of the Museum dedicated to translating science into action that creates and supports lasting conservation. With losses of natural diversity worldwide and accelerating, ECP's mission is to direct the Museum's resources—scientific expertise, worldwide collections, innovative education programs —to the immediate needs of conservation at local, national, and international levels.

The Field Museum
1400 S. Lake Shore Drive
Chicago, IL 60605-2496
312.922.9410 tel
www.fieldmuseum.org

Universidad Amazónica de Pando – Centro de Investigación y Preservación de la Amazonía

From two original departments at its founding in 1993, Biology and Nursing, the Universidad Amazónica de Pando (UAP) has grown to include Computer Sciences, Agroforestry, Law, Civil Engineering, and Aquaculture. The urgent need for an expert center in Pando to manage the rich natural resources of the region led to UAP's strong emphasis on Biology and to the development of the Center for Research and Preservation of the Amazon (CIPA). The University's maxim—The preservation of Amazonia is essential for the survival of life and for the progress and development of Pando—reflects this focus on conservation. CIPA heads the research for fauna and flora in the region and guides policies and strategies for conservation of natural resources in Amazonia.

Universidad Amazónica de Pando
Centro de Investigación y
    Preservación de la Amazonía
Av. Tcnl. Cornejo No. 77
Cobija, Pando, Bolivia
591.3.8422135 tel/fax
cipauap@hotmail.com

Herencia

Herencia is an interdisciplinary, non-profit organization that promotes sustainable development through investigation and planning, with the cooperation and participation of residents of Amazonian Bolivia, particularly Pando.

Herencia
Oficina Central
Calle Otto Felipe Braun No. 92
Casilla 230
Cobija -Bolivia
591.3.8422549 tel
pando@herencia.org.bo

Herbario Nacional de Bolivia

The Herbario Nacional de Bolivia in La Paz is Bolivia's national center for botanical research. It is dedicated to the study of floristic composition and the conservation of plant species of Bolivia's different ecosystems. The Herbario was consolidated in 1984 with the establishment of a scientific reference collection observing international standards and a specialized library. The Herbario produces publications that advance the knowledge of Bolivia's floristic richness. Resulting from an agreement between the Universidad Mayor de San Andrés and the Academia de Ciencias de Bolivia, the Herbario also contributes to the training of professional botanists, as well as to the development of the La Paz Botanical Garden in Cota Cota.

Herbario Nacional de Bolivia
Calle 27, Cota Cota
Correo Central Cajón Postal 10077
La Paz, Bolivia
591.2.2792582 tel
lpb@acelerate.com

ACKNOWLEDGEMENTS

The list of individuals who are instrumental for successful execution of the rapid inventories continues to expand. We deeply thank every person who contributed—directly or indirectly—to our capacity to reach the remote extremes of Pando, to spend a productive time in the field, and to share our preliminary results with interested parties and decision-makers in Cobija and La Paz. And we are extremely grateful to all who have given and continue to give of themselves to advance key opportunities for conservation in Bolivia.

A group of players leaped into action prior to the expedition to make the logistics feasible and efficient. Lois Jammes, Pedro M. Sarmiento, Sandra Suárez, and Tyana Wachter became the invincible team who—with the invaluable help of Jesús Amuruz (Chu) and many in the field, Cobija, and La Paz—worked miracles to get all details into place. Emma Theresa Cabrera kept us well fed under trying cooking conditions with hundreds of bees and wasps, and Antonio Sota kept all camps running smoothly. Residents of Nueva Esperanza, Arca de Israel, and Araras (in adjacent Brazil), as well as personnel at the naval post in Nueva Esperanza and the military post in Manoa, were welcoming, helpful, and resourceful.

Daniel Brinkmeier (ECP) provided excellent post-inventory presentation materials and booklets for the communities. Gualberto Torrico took the lead in drying plant specimens. Alvaro del Campo, Tyana Wachter, and Sophie Twichell skillfully transformed chaos into order; Alvaro and Tyana also provided invaluable help with quick translations into Spanish, which complemented the work of Angela Padilla who translated the bulk of the document.

We thank Robert Langstroth for his careful and helpful comments on a draft of the manuscript. As always, James Costello (Costello Communications) and Linda Scussel (Scussel & Associates) were tremendously tolerant of missed deadlines while keeping production of the report on track.

The impact of rapid inventories depends heavily on the applicability of recommendations for conservation action and the possibilities for sound, environmentally compatible economic activities. For their dedication, suggestions, and insightful discussions we thank Luis Pabón (Ministerio de Desarrollo Sostenible y Planificación, Servicio Nacional de Áreas Protegidas), Richard Rice (CABS, Conservation International), Jared Hardner (Hardner & Gullison Associates, LLC), Lorenzo de la Puente (DELAPUENTE Abogados), Mario Baudoin, Ronald Camargo (Universidad Amazónica de Pando—UAP), Adolfo Moreno and Henry Campero (WWF Bolivia), and Victor Hugo Inchausty (Conservación Internacional, Bolivia). For their continued interest, and steady coordination and collaboration with us in our efforts in Pando, we sincerely thank Sandra Suárez, Julio Rojas (CIPA, UAP), Juan Fernando Reyes (Herencia), Ronald Calderon (Fundación J. M. Pando), and Leila Porter.

John W. McCarter, Jr. continues to be an unfailing source of support and encouragement for our programs. Funding for this rapid inventory came from the Gordon and Betty Moore Foundation and The Field Museum.

REPORT AT A GLANCE

Dates of field work	13 – 25 July 2002 (biological), 21 – 25 July 2002 (social/cultural)
Region	Northeastern tip of Pando at the border with Brazil, inside and immediately south of the Área de Inmovilización Federico Roman (Figure 2). This Área de Inmovilización (a designation given to sites that need further studies before categorization for land use) covers the western extension of the Brazilian Shield. Much of the peculiar vegetation of the Brazilian Shield has disappeared to the east, across the Madera (Madeira) River, in Brazil (Figure 2).
Sites surveyed	Three sites in northeastern Pando: (1) well-drained, tall upland Amazonian forests just south of the Área de Inmovilización Federico Roman (*Caimán*); (2) forests on seasonally or permanently flooded soils on the west bank of the Madera River, at the center of the Área de Inmovilización (*Piedritas*); and (3) forests on sterile, seasonally flooded soils at the junction of the Madera and Abuna Rivers (*Manoa*), the northeasternmost point in Bolivia (Figure 2).
Organisms surveyed	Vascular plants, reptiles and amphibians, birds, and large mammals.
Highlight of results	The inventory team identified a major opportunity to conserve endangered natural communities typical of the Brazilian Shield—which are rapidly disappearing in the rampant conversion of forests to short-lived cattle pastures to the north and east—with adjacent blocks of unbroken, tall Amazonian forests. Besides the high-canopy terra-firme forests, the range of unusual habitats in the region includes sartenejales and other low forests on poorly drained soils, open vegetation on shallow soils over rock (dry lajas), herbaceous vegetation on wet soils (wet lajas), stilt-rooted *Symphonia* swamps, and razor-sedge *Scleria*-vine forests with scattered trees.

During the 12 days in the field, the rapid inventory team found significant records for the four groups of organisms sampled. We list below a brief summary of the results.

Plants: The team registered 821 species of plants and estimated about 1200 for the region. Several of the species are uncommon, new for Bolivia, or new for Pando.

Mammals: The team registered 39 species of large mammals, out of 51 estimated for the region. Population densities were high for many game species (agoutis, pacas, peccaries) and other species vulnerable to hunting pressure (howler and spider monkeys, tapirs). We recorded 10 species of primates and confirmed the presence of short-eared dogs (*Atelocynus microtis*). The pink river dolphin may be a regional endemic and deserves further studies. The hunting pressure in the region is currently low despite considerable human presence in adjacent Brazil.

Birds: The team recorded 412 species and estimated more than 500 for the region—probably the richest avifauna in Bolivia. Four species were new for the country, and an additional 12 had not been recorded from Pando. We registered 12 species that are restricted to southwestern Amazonia and 13 that are typically found east (but not west) of the Madera River. The variation in avifaunal composition within Pando is striking: we registered 72 species not recorded from the Manuripi reserve, and a rapid inventory in Tahuamanu (Schulenberg et al. 2000) registered 62 species that were absent from our list. We found high populations of game birds, including tinamous, guans, and trumpeters.

Amphibians and Reptiles: Despite the dry season, the team registered 83 species (44 reptiles and 39 amphibians), out of an estimated 165 to 170 for the region. Most of the species in the inventory are southwestern Amazonian, but a few were elements from more open formations to the south. We registered several new species for Bolivia, all of which were expected given distributions in adjacent Brazil. The terrestrial herpetofauna in Federico Román is intact.

Human communities

Nueva Esperanza, Federico Román's oldest settlement, is the provincial and municipal capital, while the young community of Arca de Israel (formed in 2000) is the largest settlement in the province. The other three communities are La Gran Cruz, Puerto Consuelo, and Los Indios (a logging camp and sawmill). The current human density is low, primarily because of the remote location of the province and its inaccessibility. Relatively recent migrants to the region make up all communities: the gold rush attracted one wave of migrants, largely from the Beni, in the late 1970s through early 1990s. The second wave came from the highlands, in 2000, to create a religious commune.

Slash-and-burn horticulture, Brazil-nut harvesting, small-scale livestock rearing, and fishing make up the local economy. Much commerce is with Brazil. Lack of knowledge of the ecosystem and the drive to colonize pose serious challenges for conservation management. But the assets that can serve as building blocks for local collaborations include general interest and excitement to implement low-impact economic strategies, existence of voluntary organizations and social institutions that can become partners for conservation efforts, and an organized structure of municipal governance that can exert authority, organize participants, and enforce agreements.

Main threats	Remoteness of the region has kept it fairly well protected, but widespread timber harvest, conversion of forest to cattle pasture, and newly cultivated fields are creeping in. Hunting imposes a threat with the growth of towns in adjacent Brazil; incursions already are frequent. Mercury, still used to process gold on the Madera, threatens aquatic life.
Principal recommendations for protection and management	1) *Create a wilderness reserve*—Reserva Nacional de Vida Silvestre Federico Román—that includes the Área de Inmovilización as well as large blocks of the tall, relatively undisturbed terra-firme forest immediately to the south and west (see Figure 2).
	2) *Collaborate with the Bolivian military* to provide efficient patrol against incursions into the areas; train staff at the military posts to support conservation goals.
	3) *Collaborate with local communities and with owners of timber concessions* to expand conservation areas within concessions and to improve forest management.
	4) *Convert inactive timber concessions into non-timber forest product concessions.*
	5) *Promote international agreements with Brazil* to control illegal hunting in the new wilderness reserve and to explore possibilities to protect the small fringe of forest that remains to the north of the Abuna River, in Brazil, as a buffer zone of the new reserve.
Long-term conservation benefits	1) *A new conservation area of global importance,* protecting natural communities of the Brazilian Shield that are unique in Bolivia and are rapidly disappearing in Brazil (see Figure 2).
	2) *Protection of essentially intact communities of plants and animals of western Amazonia* with a high diversity of habitats and an extremely rich composition of species, the highest in Bolivia for several organisms.
	3) *Human communities benefiting from their association with a forested landscape that contains the full complement of native plant and animal communities;* collaborations with interested and willing local communities in the development and implementation of conservation plans and management of the new reserve and of adjacent areas.

Why Federico Román?

The Brazilian Shield, a huge, ancient geological formation, extends west from Brazil, under the Madera River—forming the spectacular Madera rapids—and into the northeasternmost corner of Bolivia. There, the poorly drained landscape underlain by this rock, easily distinguishable in a satellite image (Figure 2), comprises the 287 square-mile, or 74,335-ha, Área de Inmovilización Federico Román (literally "Immobilized Area", because it awaits further studies for final designation for land use). Although dry forests and savannas drape most of the Brazilian Shield, this corner of the ancient rock in Pando is covered by unique habitats that are much moister. These vegetation communities occur nowhere else in Bolivia—except in small fragments in adjacent Beni—and are fast disappearing in the conversion to short-lived cattle ranches in Brazil (Figures 2, 3). The goal of our rapid inventory was to gather the biological and sociological information necessary to support conservation of these unique communities in the long term.

This remote, largely undisturbed and uninhabited region is also where some of Pando's most diverse upland forests remain. The close proximity and mixture of species of the Brazilian Shield and the Central Amazon basin result in very high species richness in the plant and animal communities, including numerous species not found elsewhere in Pando or Bolivia, and more typical of the east side of the Madera River.

Although Federico Román is nestled in this remote region of Bolivia, essentially limited to access only by river, the human presence is growing, especially in adjacent Brazil, replete with roads, cattle ranching, and settlements. Yet the globally significant natural communities in this spectacular corner of Pando can still be protected intact. And the local human communities appear ready and willing to embrace stewardship of a new conservation area in their region—the Federico Román Wilderness Reserve.

Overview of Results

VEGETATION AND FLORA

We carried out the inventory from 13–25 July, 2002, in the Área de Inmovilización Federico Román and adjacent forests in eastern Pando, in northeastern Bolivia. The Área de Inmovilización comprises a distinct set of habitats and its outline is readily visible even on satellite imagery (Figure 2). The extensive areas of poorly drained and seasonally flooded soils, and the odd forests and open vegetation growing on these soils, are presumably due to a shallow, underlying rock layer associated with a western extension of the Brazilian Shield (Figures 3, 4).

We worked out of three inventory sites. The Caimán site overlapped two logging concessions in well-drained upland forests immediately south of the Área de Inmovilización. The Piedritas site was on the west bank of the Madera River at the center of the Área de Inmovilización and had some well-drained upland forest habitat and extensive habitats on seasonally or permanently wet soils. The final site, Manoa, was at the northern tip of the Área de Inmovilización near the junction of the Madera and the Abuna Rivers; like the Piedritas site, it was largely covered with forests on poor, seasonally wet soils, and included sartenejales, forested swamps, seasonally flooded stream beds, and an odd forest type covered by razor-sedge vines.

During our 12 days of fieldwork, we registered 821 species of vascular plants (Appendix 1), and estimate a vascular plant flora of about 1200 species. Several appear to be new records for Bolivia. These include a huge, 45-m-tall *Brosimum potabile* (Moraceae), a monocarpic *Spathelia* (Rutaceae), and *Parkia ignaefolia* (Fabaceae) with long shoots like fishing poles. We also recorded and collected species of *Jacaranda* (Bignoniaceae), *Tococa* (Melastomataceae), *Couratari* (Lecythidaceae), and a non-monocarpic *Tachigali* (Fabaceae), all of which may represent new species for Pando, or Bolivia, pending examination of our herbarium specimens, when available. Two other species we observed and collected, *Pseudima frutescens* (Sapindaceae), and *Chaunochiton* sp. (Olacaceae) are uncommon and have been collected rarely in Pando.

We found the majority of the new vascular plant records for Bolivia and Pando within the boundaries of the Área de Inmovilización itself because of its unique habitats, which are not found elsewhere in Bolivia. Similar habitats in

Brazil, to the north of the Abuna River and to the east of the Madera River, are being destroyed by conversion for short-lived cattle ranches and agriculture. In contrast, the sartenejales, forested-swamps, razor-sedge forest (*Scleria* forest), and lightly logged terra-firme forests within and adjacent to the Área de Inmovilización are in very good condition and represent a major opportunity for conservation.

Vascular plant species of the terra-firme forests on well-drained soils adjacent to the Área de Inmovilización are generally typical of other forests of central and western Pando. However, the terra-firme forests immediately south and west of the Área de Inmoviliza-ción have several traits that make them significant for conservation: (1) they occur in large, unbroken blocks, with few roads and almost no permanent human residents; (2) only lightly logged about three decades ago, these forests appear to have all of their original vascular plant species present; and (3) they retain many large, emergent trees (Figure 2C), a mostly continuous subcanopy, and healthy understory vegetation that can produce a continuous flow of food and useful products for wild birds and mammals, and humans, if managed in an ecologically sustainable fashion.

AMPHIBIANS AND REPTILES

We recorded 44 species of reptiles (19 snakes, 20 lizards, 3 crocodlians, 2 turtles) and 39 species of amphibians (all frogs) from the three Federico Román sites (Appendix 2). Once systematic problems and tentative identifications are resolved, these totals may be modified slightly. We suspect that all species we detected are found in appropriate microhabitats throughout the region; moreover, since we were sampling during the dry season, encountering a particular species at a particular site was very opportunistic. Therefore, we do not think it is fruitful to evaluate or compare each sampled site separately. Despite differing species compositions in the sample from each site, we found comparable total numbers of snakes, lizards, and frogs at all three sites:

Caimán (10 snakes, 10 lizards, 23 frogs), Piedritas (9, 9, and 25 species, respectively), and Manoa (10, 12, and 20 species, respectively). The differences between the forestry concession site (Caimán) and the two sites with the Área de Inmovilización (Piedritas and Manoa) probably reflect the nature of the sampling methods, the brief sampling periods, and the dampening effect of the dry season on activity of amphibians and reptiles in general. We consider the entire sample as representative of the herpetofauna at all three sites.

Based on a few other well-known herpeto-faunas in southwestern Amazonia, we estimate that our inventory sampled about half of the frog species and half of the reptile species that might be expected in the region. The effect of the dry season sampling was most notable on the frogs detected in our inventory. Frog activity was very low, as evidenced by few species calling and few individuals of each species active.

Most of the species in our inventory show a strong affinity with Amazonian herpetofaunas, particularly those of southwestern Amazonia (southeastern Peru, northern Bolivia). However, the presence of *Leptodactylus labyrinthicus* (Leptodactylidae) and, pending resolution of taxonomic difficulties, of *Bufo granulosus* (Bufonidae) and *Leptodactylus chaquensis/macrosternum*, suggests that a few species of the Federico Román herpetofauna are elements from more open formations to the south. We report the first records of several species from Bolivia, although these were expected on the basis of other distributional records nearby in Brazil or Peru: *Dendrobates quinquevittatus* (Dendrobatidae), *Anolis* cf. *transversalis* (Iguanidae, tentative identification), and *Uranoscodon superciliosus* (Iguanidae). No species in our sample is especially noteworthy in terms of conservation priority, but the region seems to harbor an intact terrestrial herpetofauna (river turtles and crocodilians nee additional study). Maintaining the present herpetofaunal community as a whole should be a focus of conservation efforts.

BIRDS

The bird team recorded 412 species of birds at the three camps combined (Figure 6). At Campamento Caimán, we recorded 300 species (plus 19 species found only around the community of Nueva Esperanza); at Piedritas, we recorded 284 species; and at Campamento Manoa, we recorded 299 species. Each site had distinctive avifaunas, but Piedritas and Manoa were more similar to one another than to Caimán. We found 46 species only at Campamento Caimán, 23 only at Piedritas, and 29 only at Manoa. Forty-two species present at both Piedritas and Manoa were not recorded at Caimán. Most of the birds we found at Caimán, but not at the other two sites, are characteristic of terra-firme forest. In contrast, the dominant elements found only at Piedritas and/or Manoa are species associated with the rivers and their beaches, low-stature forests, or flooded forests.

The region we surveyed lies at the extreme eastern edge of southwestern Amazonia. There are a number of bird species restricted to southwestern Amazonia; however, this diversity is substantially higher farther west in Amazonia. In our survey, we found only nine species with relatively restricted ranges in southwestern Amazonia (and Parker recorded an additional four such species in Federico Román in 1992; Parker and Hoke 2002). Despite Pando's position in southwestern Amazonia, we found, and Parker found in 1992, 13 species that otherwise are restricted to east of the Madera River this far south in Amazonia. Thus, the avifauna in Federico Román shows some signs of mixing biogeographic elements.

Federico Román's avifauna, while a typical lowland Amazonian fauna, is significantly different from that found in other places in Pando. The list from Federico Román contains at least 72 species not known from Manuripi and at least 160 not recorded in forests west of Cobija. The avifauna in Federico Román is also likely the most diverse in Bolivia, with well over 500 species. Its position along the northern border of Bolivia, and in the heart of Amazonia, means

that new species for the country probably remain to be encountered. We recorded at least four new species for Bolivia during the inventory.

Despite significant human populations on the Brazilian sides of the Madera and Abuna Rivers, there was little evidence of hunting at any of the sites studied, and populations of large game birds were high, including tinamous, cracids, and trumpeters. The parrot populations in Federico Román also appear to be healthy.

LARGE MAMMALS

We inventoried large mammals in three- to four-day periods at each of the inventory sites (Caimán, Piedritas, and Manoa). We found high species richness and population densities of large mammals at Federico Román, in comparison with other forests in Pando and Amazonia familiar to us. Of an estimated 51 species of large mammals that we expected in the area, we registered 39, and five of small mammals (which were not specifically targeted in the surveys). We registered a higher number of species of large mammals at the Caimán and Piedritas sites (30 each) than at the Manoa site (27).

We found many of the mammals by visual encounters, indicating a high population density of these species. We encountered a high density of species that are often hunted as game, such as agoutis (*Dasyprocta* sp.), pacas (*Agouti paca*), and peccaries (*Tayassu tajacu* and *T. pecari*). We also encountered Bolivian red howler monkeys (*Allouata sara*, "manechi"), black-faced black spider monkeys (*Ateles chamek*, "marimono"), and tapirs (*Tapirus terrestris*, "anta") frequently enough to indicate that their forest habitats are in good condition and that hunting pressure is minimal. Populations of these species are generally the first to decline as hunting intensifies. The Piedritas and Manoa sites, which have no permanent human presence, had notably healthy populations of these mammals. We also confirmed the presence of short-eared dogs (*Atelocynus microtis*, "zorro") in the area.

The area inventoried is of great biological value for conservation especially because of the large populations of species typically hunted and for its high richness of primate species. The area has 10 species of primates, in eight genera. Though a few other areas of Pando have a higher number of primate species, Federico Román is rich in comparison to other Amazonian sites. In general, the primates and other mammals were very tame, suggesting a good potential for behavioral studies of these species in their forest habitats.

Specific conservation targets include Bolivian red howler monkeys (*Allouata sara*), because of their endemism in Bolivia and the sparse knowledge of their biology; and black-faced black spider monkeys (*Ateles chamek*), because they are heavily hunted elsewhere. Species that deserve more research attention include the gray monk saki monkey (*Pithecia irrorata*, "parabacú"), whose ecology and social behavior are poorly known; the titi monkey (*Callicebus* sp.), whose presence was detected only through its vocalizations; and the agoutis (*Dasyprocta* spp.), which included the brown agouti (*D. variegata*) but may also include a black agouti (*D. fuliginosa*) not previously registered in Bolivia, or a new species.

The pink river dolphin (*Inia boliviensis*, "boto, bufeo") is also of research and potential conservation interest because we are not certain whether the individuals observed belong to this regionally endemic species or to the more widespread *I. geoffrensis*. Squirrels (*Sciurus*, "ardilla") observed during the inventory also merit further study because their size and color do not match the species known or expected in the area.

Based on the large mammals encountered, we recommend the conservation of the surveyed area of Federico Román, including adjacent lands to the south, in and near the forestry concessions. These are forests with high richness of primate species and healthy populations of probably all large mammal species found in western Amazonia. At present, the hunting pressure in the area is low, despite the considerable human presence in nearby Brazil.

HUMAN COMMUNITIES

The Province of Federico Román, Municipio of Nueva Esperanza, contains the Área de Inmovilización that was inventoried. There are five settlements in the Municipio, of which two have *personería jurídica* (legal status). Nueva Esperanza, founded in the late 1970s, is the provincial and municipal capital, and is the oldest settlement in the region, while Arca de Israel is the largest community, despite its young age (formed in 2000). The current low population density is because of the remote location of the Province and its relative inaccessibility due to the poor condition of existing roads and the difficulties of navigation presented by rapids of the Madera River. The other three communities in the municipio are La Gran Cruz, Puerto Consuelo, and Los Indios (which is a logging camp and sawmill).

The historical profile of the communities indicates that while there are significant differences among them, all are comprised of relatively recent migrants to the region. One set of migrants came largely from the Beni in the late 1970s through the early 1990s to participate in the regional gold rush while the other set came from the Bolivian highlands in 2000 to create a religious commune. All engage in slash and burn agriculture, Brazil-nut harvesting, small-scale livestock rearing, and fishing. Almost all commercial activity is directed through Brazil, with people taking advantage of the asphalt road to reach Guayaramerín and Guajará-Mirim, the principal markets for commerce.

The colonists' lack of extensive knowledge of the ecosystem and their tendency to exploit natural resources intensively pose significant constraints for conservation efforts designed to foster low-impact use of natural resources intensively and sustainable livelihood strategies. However, some key social assets can become the building blocks for local collaboration and participatory management efforts. These include: (1) a general attitude of interest and excitement about implementing low-impact, conservation-friendly economic strategies; (2) the existence of voluntary organizations and social institutions that can become partners for conservation efforts; and (3) an organized and active structure of municipal governance (including citizen monitoring groups) that can exert authority to enforce agreements and organize participants.

The community of Araras, in the State of Rondônia, Brazil, is also linked to the community of Nueva Esperanza through economic and social activities. People from Araras and their neighbors in the adjacent communities engage in commerce with Bolivians, and also appear to engage in gold mining, hunting, and fishing in the Bolivian forests.

THREATS

Because of its poor soils and remote location, the Área de Inmovilización Federico Román to date has been spared some of the threats typically associated with wild areas in the tropics. No major roads cross it, and few people live in and adjacent to it. Things are changing, however: human populations are steadily increasing in this area of Bolivia and across the Abuna and Madera Rivers in Brazil.

The primary threats to the Área de Inmovilización Federico Román are widespread timber harvest, creation of cattle pastures, and establishment of cultivated fields. Partial removal of the forest canopy would also result in a general drying of forest microhabitats, which seriously damages populations of some amphibians. Removal of the forest canopy and habitat destruction are distinct possibilities: (1) if the area is not declared as a national wildlife reserve (or equivalent), to give it formal protection; (2) if unchecked colonization by large numbers of people unfamiliar with the ecology of the area occurs (as is proposed by the community of Arca de Israel); and (3) if local communities are not involved in the development and implementation of conservation plans and management for the reserve.

Another threat, especially important for mammal and bird populations in the Área de Inmovilización, is hunting. There are already consistent incursions of hunters from Brazil, and hunting pressure will likely grow with the number of humans living in the area who seek new hunting grounds as the forests are destroyed on the Brazilian side of the river.

Mercury used to process gold on dredges on the Madera River threatens the river dolphins (*Inia*) and other aquatic life. Noise pollution associated with vehicles using the highway on the Brazilian side of the Madera River may have a negative effect on several animals, especially cats (Felidae).

CONSERVATION TARGETS

The following are the primary targets for conservation in the Área de Inmovilización Federico Román and adjacent areas of northeastern Pando because of their (1) global or regional rarity, or (2) importance for maintaining native species diversity and ecosystem processes.

Organism Group	Conservation Targets
Biological Communities	Brazilian Shield Formation sartenejal forests and other low forest types and open vegetation on poorly drained and seasonally flooded soils (wet lajas, *Symphonia* swamps, *Scleria* forest). Large blocks of terra-firme forest in good condition. Dry lajas and other special habitats.
Vascular Plants	Species with limited ranges in Bolivia or Pando, e.g., *Brosimum potabile* (Moraceae), *Pseudima frutescens* (Sapindaceae), and *Spathelia* (Rutaceae). Plants important to wildlife, e.g., legumes (Fabaceae), figs and relatives (Moraceae), Brazil-nuts and relatives (Lecythidaceae), and palms (Arecaceae). Healthy populations of commercially valuable species, e.g., *Swietenia macrophylla* and *Cedrela odorata* (Meliaceae), *Amburana cearense* and *Cedrelinga catenaeformis* (Fabaceae), *Hevea guianensis* (Euphorbiaceae), and *Bertholletia excelsa* (Lecythidaceae).
Reptiles and Amphibians	An intact terrestrial herpetofaunal community, and undamaged moisture, light, and temperature regimes of the understory, leaf litter, and ground surface. Regional populations of crocodilians and river turtles.
Birds	Large game birds, especially populations of tinamous, cracids, parrots and trumpeters; and parrots. Terra-firme forest birds. Birds of seasonal flooded forests. Endemic birds of southwestern Amazonia.
Mammals	Bolivian red howler monkeys (*Alouatta sara*, "manechi"), endemic to Bolivia. Black-faced black spider monkeys (*Ateles chamek*, "marimono"), heavily hunted elsewhere. Commonly hunted large mammals such as white-lipped Peccaries (*Tayassu pecari*, "tropero") and tapirs (*Tapirus terrestris*, "anta"). Pink river dolphins or botos (*Inia boliviensis*, "bufeo"), isolated population, endemic species. Primates in general.
Human Communities	Brazil-nut extraction, palm-fruit harvest (especially *Euterpe*), medicinal herb gathering, and sustainable, low-impact use of other non-timber forest products. Small-scale horticultural gardens (1-3 ha) with diversified crops and a long rotation with a fallow condition, for subsistence use. Managed care of small livestock for local consumption.

Our observations, together with those of a previous rapid biological survey in the region (Montambault 2002), make it clear that the sartenejales and other low forests of the Área de Inmovilización Federico Román are regionally and nationally significant habitats that demand long-term protection. The well-drained, terra-firme forests surrounding the Área de Inmovilización also deserve long-term protection. They are home to large, healthy populations of birds and mammal species, several of which are globally threatened or endangered.

A large, new reserve will protect a full spectrum of these habitats, including some that are found nowhere else in Bolivia and are rapidly disappearing in adjacent Brazil (Figure 2). The potential for creating a large wilderness reserve is great:

1) **The 74,335 ha (287 square miles) Área de Inmovilización is available for reclassification for conservation purposes.**

2) **The new reserve will serve as an important and permanent refuge for plant and animal diversity.** In contrast, neither agriculture nor ranching would be successful for more than a few years in the region because of the poor soils in most of the Área de Inmovilización.

3) **Once light logging for the most valuable timber species is completed in the timber concessions near the Área de Inmovilización, it may be possible to turn these into conservation concessions** that protect wildlife while yielding some income to local and federal coffers.

4) **The small human populations in the Área de Inmovilización Federico Román allow time for careful land-use planning to avoid conflicts between development and conservation.**

5) **Local residents show interest and excitement about implementing low-impact, conservation-friendly economic strategies, and civic organizations exist that can organize participants and enforce decisions.** For example, residents of Nueva Esperanza involved in the Asociación Social del Lugar (ASL) want to participate actively in the management of surrounding forests.

6) **The harvest of Brazil nuts is a potential source of sustainable income for residents of the area** but the price is too low to support harvesting. Price supplements, or alternative means of marketing Brazil nuts from the region, could provide a dependable source of income for local residents that is highly compatible with forest diversity.

RECOMMENDATIONS

Despite the wide variety of organisms we surveyed, it was easy to reach consensus in our recommendations. We envision a future in which small but thriving human communities benefit from their association with a forested landscape with a full complement of native plant and animal species. The unique opportunities present at Federico Román suggest the following actions.

Protection and management	1) **Establish a new wilderness reserve (Reserva Nacional de Vida Silvestre Federico Román) that includes all of the current Área de Inmovilización plus large blocks of relatively undisturbed terra-firme forests to the south and west (Figure 2).** Designation of an extensive reserve that includes a good representation of all different forest types will protect unique habitats, an impressive diversity of birds, and populations of regionally and globally endangered mammals.
	2) **Work with local communities and current logging concessions to develop ecologically sensible forest-management plans that address conservation of biological diversity as well as community-based and long-term economic goals.**
	3) **Work with the Bolivian military outpost at Manoa to maintain a low and sustainable level of game- and timber-harvest within the new wilderness reserve.** Training in conservation enforcement and more resources to allow soldiers to carry out patrols in the area will serve long-term management goals.
	4) **Promote international agreements with Brazil to control illegal hunting in the new wilderness reserve and to explore the possibility of protecting the small fringe of forest that remains to the north of the Abuna River (in Brazil) as a buffer zone.**
Further inventory	1) **Carry out cooperative surveys to inventory habitat types not yet visited,** including the dry and wet lajas, the peculiar forests composed of one or few tree species with densely packed crowns, and other variants of sartenejal forest.
	2) **Inventory the small mammals in the area,** which could not be studied in the short time that we were in the field.
	3) **Conduct more intensive participatory asset mapping** to elicit community strategies, visions, and capacities for sustainable but high-grade quality of life for humans in the area, including the communities of Araras and Abunā, east of the Madera River in Brazil.

Research

1) **Determine the species of several mammals seen during the inventory,** including howler monkeys (*Alouatta sara* or *A. seniculus*), titi monkeys (*Callicebus* sp.), squirrels (*Sciurus* sp.), agoutis (*Dasyprocta* sp.), and pink river dolphins (*Inia boliviensis* or *I. geoffrensis*) that are present in the region.

2) **Initiate long-term surveys of herpetofauna at a small geographic scale here** (and throughout Amazonia) to improve our understanding of population dynamics and responses to global change.

3) **Explore viable financial benefits to compensate the Municipio de Nueva Esperanza for designating a portion of its land area as a Reserva Nacional de Vida Silvestre.**

Monitoring

1) **Establish baseline data on the population status of game birds and large mammals, then periodically census these populations.** These data can be used to determine thresholds for action, to ensure that the populations are not seriously depleted or eradicated by hunting.

2) **Monitor the natural recolonization of burned areas in the northern portion of the Área de Inmovilización Federico Román to determine if fire has a role in the regeneration of the *Scleria* forest, the sartenejales, or the lajas.** These habitats bear some resemblance to pampas further south and east, in Bolivia and Brazil, in which fire plays a major role.

Technical Report

OVERVIEW OF INVENTORY SITES

This inventory took place in the Área de Inmovilización Federico Román, and in forests immediately to the south. The Área is in southwestern Amazonia.

The Área de Inmovilización is approximately 74,335 ha (287 square miles) in size, and comprises the northeastern corner of Bolivia. Bounded by the large Madera River* to the east and the small Abuna River* to the north (each forming a political border with Brazil), the Área de Inmovilización is distinct in the satellite image (Figure 2): its dark bluish-green color in this image is due to impeded drainage, presumably because of a shallow, underlying rock layer associated with the Brazilian Shield, in contrast to better-drained areas to the south and west. Equally striking on this satellite image is the irregular fringe of pale blue surrounding the Área de Inmovilización, representing deforested areas along the Brazilian side of the border.

Upland forests on well-drained soils surround the Área de Inmovilización Federico Román to the south and west. These forests appear with a rusty orange color in the satellite image (Figure 2) and are continuous with similar forests southwestward, north of the Madre de Dios River. We inventoried this forest type at our first camp, south of Nueva Esperanza.

A third forest type covers the region west of the Área de Inmovilización, west of the Negro River. Forests in this region appear as a mix of green and tan colors on the satellite image (Figure 2), with less orange than the adjacent upland forests. We did not visit these forests on the ground, but overflights showed them to be lower in stature and with more vines than the adjacent upland forests.

The inventory area has few roads, these mostly dirt and in poor condition, and few or no permanent settlements in the interior. Most human travel is by boat along the rivers.

The 2002 biological inventory team used three camps, all except the first along the Madera River.

---

* In Brazil, these are known as the Rio Madeira and Rio Abunã. We use the Spanish spelling for these river names throughout this report.

Caimán Camp and vicinity
(Federico Román Camp One)

(10°13.57-13.60'S, 65°22.57-22.62'W at camp, based on two GPS units)

We established camp along an old logging road approximately 15 km south of Nueva Esperanza at the crossing of a small stream. The little-used road connects Nueva Esperanza (at 10°03.40'S, 65°19.99'W) with Arca de Israel, to the southeast, as well as points south and west, and provides access to several old roads and trails. The surrounding forest, logged about 30 years ago, is now little disturbed. From 13–17 July, 2002, we inventoried forest trails and roadsides surrounding the camp, several kilometers to the west-southwest (where a small amount of active logging was taking place), several kilometers to the southeast (to the margin of Arca de Israel), and north approximately 5 kilometers to a separate set of forest trails.

Trails North of Caimán Camp – We cut and inventoried several km of trails west of the main road to Nueva Esperanza in a rectangular pattern, ending at 10°09.73'S, 65°22.83'W (to the northwest) and 10°09.79'S, 65°21.56'W (to the southeast). These trails traverse hilly second-growth forest, also logged about 30 years ago and similar to the forest around the Caimán Camp. We also made observations in transit, by truck, between these northern trails and Nueva Esperanza.

Piedritas Camp and vicinity
(Federico Román Camp Two)

(Approx. 09°57.22'S, 65°20.23'W, based on 1:50,000 map: Telmo, 6564 III, 1985)

The camp sat on the high west bank of the Madera River, ca. 1 km south of Cachuela Las Piedritas (a large rapids) and immediately south of an abandoned military post and a large rock outcrop at the river's edge. From camp, an old trail ran west through forest to the bank of a small stream at 09°57.50'S, 65°20.50'W. At that point, a newly cut trail system ran 7.2 km north to 09°54.02'S, 65°21.71'W, with alternating side trails to the southwest (5 km, to 09°59.25'S, 65°23.23'W), northeast (4 km, to 9°55.47'S, 65°20.18'W) and west

(4.6 km, to 09°56.97'S, 65°24.17'W). The central trail and northeast trails ran through well-drained terra-firme forest logged approximately 30 years ago, but now undisturbed. The northern, western and southwestern trails first ran through similar upland forest but then descended slightly into poorly drained, low sartenejal forest. We inventoried these sites from 17–20 July, 2002.

Manoa Camp and vicinity
(Federico Román Camp Three)

(09°41.11-41.19'S, 65°24.07-24.12'W at camp, based on two GPS units)

We also reached this camp by boat on the Madera River; it was located ca. 3 km northwest of the current military camp at Manoa. Like the previous, this camp was located on the high west bank of the Madera River, with a main trail running west through various forest habitats to a junction at 09°41.67'S, 65°25.30'W. From this junction, the following three trails diverged. We walked these trails from 21–25 July, 2002.

North Manoa Trail – This trail ran for several kilometers from the junction through swamp forest, forest transitional to sartenejal, and forest on better-drained soils to approximately 09°41.05'S, 65°26.07'W at the point of the peninsula where the Abuna and Madera Rivers converge and flow north towards the Amazon.

West Manoa Trail – After leaving the junction, this trail ran west for several kilometers toward the Abuna River, through open forest covered with *Scleria*, through forest on better-drained soils, through forest transitional to sartenejal (with pronounced channels and associated raised areas), and then into better-drained forest on what appear to be very acid, sterile soils at the east bank of the Abuna River. It ended at 09°41.94'S, 65°26.86'W.

South Trail – From the junction, this trail ran for a couple of kilometers through terra-firme forest to 09°43.00'S, 65°23.93'W.

Overflights

In March, 2002, and again on 24–25 July, 2002, we spent ca. 6 hours flying over all of the Área de Inmovilización Federico Román and adjacent forests as far south as Arca de Israel and beyond (Figure 2).

FLORA AND VEGETATION

Participants/Authors: William S. Alverson, Robin B. Foster, Janira Urrelo, Julio Rojas, Daniel Ayaviri, and Antonio Sota

Conservation Targets: High and low sartenejal forests and other low forests and open vegetation; large blocks of terra-firme forest logged three decades ago but in good condition; plant species uncommon in Bolivia or Pando, important to wildlife, or commercially valuable.

METHODS

The team had 12 days to assess the vegetation in and immediately south of the Área de Inmovilización Federico Román. The three camps were evenly spread across the eastern side of the Área de Inmovilización, which we could access by boat on the Madera River. The southernmost camp ("Caimán") was established outside of the Área de Inmovilización at the edge of two forestry concessions (San Joaquín and Los Indios), from which we could assess the well-drained, old secondary forests that border the Área to the south. Using satellite imagery as a guide, the northern two camps and trail systems (Piedritas and Manoa) were established to provide access to the complex of poorly drained vegetation types that characterize the interior of the Área de Inmovilización (Figure 3).

We did not gather quantitative data with transects. Instead, we kept running lists of species identified in the field and recorded qualitative information about their abundance and presence in various habitats. We took several hundred photographs as documentation of species presence and as a tool for later identification of unrecognized species; once processed and digitized, a representative subset of these photographs will be available at *www.fmnh.org/rbi*. We also made 328 plant collections in a number series under

J. Urrelo et al. All specimens were field-treated with alcohol, dried at the university in Cobija, and will be deposited in herbaria at the Universidad Amazónica de Pando, Cobija (UAP), the Herbario Nacional, La Paz (LPB), and the Field Museum (F).

FLORISTIC RICHNESS, COMPOSITION AND DOMINANCE

Our preliminary list of vascular plants (in Appendix 1) lists 821 species within the area in and around the Área de Inmovilización Federico Román. Based on the variation within habitat types that we were able to explore on the ground, and on the presence of several habitat types that we did not visit, we estimate a total vascular plant flora of around 1200 species.

VEGETATION TYPES

Non-inundated soils

Terra-firme forests on well-drained soils, logged about 30 years ago

Recently disturbed forest and roadsides

Dry lajas with shallow soils over rock

Vegetation on seasonally or permanently inundated soils

Open riverbanks along the Madera River

Seasonally inundated stream channels

Symphonia swamps

Scleria forest

High sartenejal forest

Low sartenejal forest

Wet lajas or open pampas

LOGGED FORESTS ON WELL-DRAINED SOILS

This forest type was most common to the south and west of Nueva Esperanza, where it was present in large, contiguous blocks. There, the hilly terra-firme forests had sandy-clayey, well-drained soils except for small ribbons of habitat along streams and valley bottoms. Within the Área de Inmovilización itself, this forest type was common but typically occurred in smaller, irregular blocks and strips interspersed with wetter habitats such as the sartenejales.

These forests were selectively logged approximately 30 years ago. The tall canopy is discontinuous and consists of large individuals that were not removed during this episode of logging. Most notable were a very large number of Brazil nuts (*Bertholletia*) to 40 m or more tall. Also common as emergents were other species of Lecythidaceae (*Couroupita, Couratari*), Moraceae (e.g., *Ficus schultesii, F. nymphaeifolia*), and Fabaceae, especially *Peltogyne, Hymenaea, Dipteryx*, two species of *Enterolobium*, and *Tachigali* spp. These remnant emergent species were not commercially viable at the time of the last timber harvest, though some commercial species are still present in small quantities: *Amburana cearensis* ("roble") and *Cedrelinga catenaeformis* ("tornillo," both Fabaceae), as well as scattered, untapped *Hevea* (Euphorbiaceae). Below this discontinuous supercanopy, there was a relatively continuous subcanopy, at 15–25 m, in which *Tetragastris* (Burseraceae), *Oxandra xylopioides* (Annonaceae), *Pourouma minor* (Cecropiaceae), *Naucleopsis* spp. (*N. ulei* and a bullate-leaved sp.) and *Pseudolmedia laevis* (Moraceae), *Inga* and *Tachigali* spp., (Fabaceae) *Metrodorea flavida* (Rutaceae), *Astrocaryum gynecantha* (Arecaceae), *Schefflera morototoni* (Araliaceae), patchy *Rinorea* (Violaceae), and several other palms, Rubiaceae, and Melastomataceae were common. There were no large areas dominated by bamboos.

In each site, we found a few species not seen in terra-firme forests at the other sites, e.g., two species of *Diospyros* (Ebenaceae), *Brosimum potabile* (Moraceae), *Chaunochiton* (Olacaceae), at Manoa; but the same common species were found in the terra-firme forests at each of the three inventory sites.

Although we visited during the dry season, the moderate coverage of tree limbs and boles by mosses and other epiphytes indicates that this is a moist forest, more so than the forests of similar structure and composition that we inventoried recently in the Área de Inmovilización Madre de Dios (Alverson et al., in press).

The majority of the habitat surrounding the Caimán Camp and trails comprised this type of terra-firme forest, though there was a relatively small amount of more recently disturbed habitat, described next.

RECENTLY DISTURBED FOREST AND ROADSIDES

Recent human disturbance is most notable in and around Nueva Esperanza and Arca de Israel (Figure 2), but small, old clearings are scattered elsewhere, mostly along the Madera River, such as the old military camp at Piedritas, the active military camp at Manoa, and various other small chacras and human incursions. A few of these openings are abandoned or lightly used Brazil-nut harvester camps surrounding the Caimán camp. Remnant cultivated plantings persist in some of the clearings, especially at the old military post at Piedritas.

The roadways and trails connecting Nueva Esperanza, Arca de Israel, and more actively used logging roads to the south in the Los Indios Concession had a thin (5–15 m) margin of second growth, commonly including lianas, shrubs or small trees of *Piptadenia* (Fabaceae), *Solanum* spp., *Cecropia* (Cecropiaceae), *Casearia* (Flacourtiaceae), *Sapium* (Euphorbiaceae), and a *Duguetia* (Annonaceae) with astoundingly long horizontal branches. The vine, *Passiflora coccinea* was an ubiquitous colonizer on the bare soil of roadsides and banks.

DRY LAJAS

We saw two examples of dry lajas—areas with very shallow soils over rock—during the overflights. The first was on an outcrop directly north of Arca de Israel and the second was southwest of the Manoa camp. This habitat was distinct from the air because all its trees were leafless and at first appeared to be dead. We were not able to visit these habitats on the ground.

We also flew over another odd habitat to the west of Manoa that appeared to be dominated by a few species of trees with their crowns very densely packed. We were not able to identify these species from the air, nor were we able to determine if their local dominance was due to the presence of a special soil- or rock-outcrop.

OPEN RIVERBANKS OF THE MADERA RIVER

This large river, running north to join the Amazon, passes over several large, rocky rapids between Arca de Israel and its junction with the Abuna River. The river has numerous islands and open sandbars, and its banks vary from open sand and mud flats to steep banks over 10 m tall, sometimes of solid rock.

Stabilized sandy and muddy beaches were covered with successional growth typical of this part of the Amazon basin, with *Gynerium sagittatum*, *Cecropia membranacea*, *Mimosa pigra*, and in some cases *Salix humboldtiana*. On higher banks, *Muntingia calabura*, *Ceiba pentandra*, *Ficus insipida*, and a species of *Guadua* were common and conspicuous.

SEASONALLY FLOODED STREAM CHANNELS

The water level of the Madera River and at least the adjacent portions of its tributaries varies greatly on a seasonal basis, as evidenced by flood marks on trunks. At the Piedritas and Manoa inventory sites, streams (arroyos) feeding the Madera were cutting through thick mud and sand deposits left by recent high water in the river. Even a kilometer or more upstream from the mouths of these streams, flood marks on trees were often 2 m or more in height.

This seasonal buildup of water (including back-flow from the main river) creates a characteristic habitat along the lower parts of these streams that was detectable at Piedritas and very distinct at the Manoa inventory site. This habitat type has a very open understory, more vines, and a slightly lower canopy than the surrounding terra-firme forest.

The Manoa site was dominated by a *Lueheopsis* species (Tiliaceae), with very dark green foliage easily visible even in the overflights. A *Guarea* (Meliaceae), a *Virola* (Myristicaceae), a *Zygia* and a *Peltogyne* (Fabaceae), a *Calyptranthes* (Myrtaceae), a *Mouriri* (Melastomataceae), a *Manilkara* (Sapotaceae), and *Licania* cf. *hypoleuca* (Chrysobalanaceae) were all common.

SYMPHONIA SWAMPS

This habitat, at the Manoa site, is also flooded yearly by whitewater backflow from the Madera River. It is characterized by the dominance of the stilt-rooted *Symphonia globulifera* (Clusiaceae) in flat, mucky, poorly drained areas. *Lueheopsis* (Tiliaceae), a rusty-leaved *Ocotea* (Lauraceae), a *Tachigali*, and another, unknown genus of Fabaceae (with trapezoidal leaflets) also were common here.

SCLERIA FOREST

The satellite images show this odd habitat as bands of green interspersed with the blues of the sartenejales and the rusty oranges of the upland (terra-firme) forest in the northernmost portion of the Área de Inmovilización Federico Román (Figures 2 and 3). The habitat is very difficult to enter on the ground because a prominent element of the vegetation is a dense tangle of viney *Scleria* (Cyperaceae), with razor-sharp leaf margins that shred clothes and skin. For this reason, presumably, there are still remnants of this type of habitat on the Brazilian (northern) side of the Abuna River, amidst open pastures and fields where other native vegetation has been devastated.

The *Scleria* forest has scattered trees to 15–20 m tall, though most are less than 10 m. As in the adjacent wet areas, discussed above, *Lueheopsis* is probably the most common tree present. Several Fabaceae are also very common—a *Peltogyne* sp., a finely pinnate species with rectangular leaflets, and a finely bipinnate species—as were a brown-fuzzy *Ocotea* (Lauraceae), a *Garcinia* (Clusiaceae), a *Vochysia lomatophylla*, and a glabrous *Tachigali* (Fabaceae). Several of the most common woody species here had dark brown or black bark, often highly textured or roughened.

Several aspects of the *Scleria* forest were reminiscent of old, revegetated pampas (pampas arboladas) recently visited in central Pando by the rapid inventory team (Alverson et al., in press). The habitat was in a flat area with poor, clayey soil that probably floods seasonally. Taller trees were scattered and the leaf litter was often 10 cm deep and very spongy, as if leaf decay proceeds slowly. Finally, we observed evidence of past fire in the form of a few charred stumps and buried charcoal. Probably due to the dense blanket of *Scleria*, this forest differed from the pampas arboladas by its very empty understory (though low vines of a *Plukenetia* species were common).

In sum, the *Scleria* forest, like the pampas, appears to result from a combination of poor soil and episodic disturbance, either from non-human or human sources. It may represent a variant of the sartenejal forests that differs because of its fire history, though the microtopography also differs, as discussed below.

HIGH AND LOW SARTENEJAL FOREST

North and west of Nueva Esperanza there is a dramatic change in forest habitats, compared to the relatively well-drained Bolivian forests to the west and south. The well-drained, terra-firme forest habitat is still present but not in large, unbroken blocks; rather, it is confined to narrow, irregular strips on perhaps a third of the landscape. These peninsulas of terra-firme appear on the satellite image as a confetti of orange and green colors with a distinctively coarse grain (Figure 3). In between these irregular peninsulas of terra-firme forest lie more extensive sartenejal forests that have a finer grain; they appear as paler orange areas (high sartenejal) and turquoise-blue areas (low sartenejal), on the satellite images.

The sartenejal forest habitat occupies much of the center of the Área de Inmovilización Federico Román. The soils are poor and poorly drained. The canopy is conspicuously lower than the surrounding terra-firme forest, from 5–20 meters in height. The litter mat is thick and spongy, and the surface of the ground is patterned with a maze of raised bumps (monticulos) or ridges from one to a few meters across, separated by rounded depressions or low channels appearing as seasonal waterways. The general northwest-southeast patterning of this type of habitat suggests association with ancient river flood plains.

High sartenejal forest is transitional in height (generally to 15 m) and composition: some species from both the terra-firme forest and the low sartenejal occur here. During the overflight, one of us (Foster) realized that we could distinguish the boundary between low and high sartenejal forest (as seen on the satellite image) because the palm *Oenocarpus bataua* drops out in the low sartenejal. A few species seemed to prefer the boundary between the sartenjal and terra-firme habitats, e.g., a *Duguetia* species (Annonaceae), and an odd *Psychotria* (Rubiaceae), both collected with flowers and fruits. *Attalea speciosa* (Arecaceae) and *Phenakospermum* (Musaceae) were conspicuous in the high sartenejal. Other species found here but not in the surrounding terra-firme habitats included a *Xylopia* (Annonaceae) and *Qualea wittrockii* (Vochysiaceae).

Low sartenejal is brushy in appearance and short in stature (to 10 m). The spiny palm *Mauritiella armata*, a *Tachigali* (Fabaceae), *Qualea wittrockii* and *Q. albiflora* were taller elements here. The ground surface is a very spongy mass of leaves and roots. Common understory plants included the fern *Trichomanes*, *Coccocypselum* (a variegated, herbaceous Rubiaceae), *Selaginella*, and a non-viney *Ischnosiphon* (Marantaceae). The midlayer included many individuals of *Mouriri* and other species of Melastomataceae (*Henriettella*, *Loreya*) that were common here but not in the terra-firme forest (also the palm *Bactris hirta* and *Moutabea*, a viney Polygalaceae).

WET LAJAS (OR OPEN PAMPAS)

We were not able to visit these habitats on the ground but saw them during the overflights. They are visible on the satellite images adjacent to an oxbow in the Abuna River, west-southwest of the Manoa military post, as a cluster of pale blue dots (Figure 3). These are open areas, with few or no scattered trees and shrubs, filled with herbaceous vegetation and often standing water. They are probably generated by clayey, poorly drained soil or a superficial rock layer. They adjoin the *Scleria* forest habitats to the northeast, and probably reflect even more severe edaphic conditions there.

SIGNIFICANT RECORDS

We have not yet been able to compare the specimens collected during the inventory with other herbarium material. Our preliminary assessment is that we observed several species that have not previously been registered in Pando or Bolivia, or which have been collected few times in Bolivia. Most of the new and odd records come from the sartenejal forests but a few were in upland habitats.

At Campamento Caimán, these include a *Spathelia* (Rutaceae), a more or less unbranched treelet that flowers once after 8–10 years and then dies (Figure 5B). This is likely a new species for Bolivia.

In the terra-firme forest at the Manoa site, we encountered a large tree (ca. 45 m tall, 1.6 m diameter at chest height) of *Brosimum potabile* (Moraceae) which, to our knowledge, has not previously been registered in Bolivia.

In the sartenejal forest at the Manoa site we collected a once-pinnate, dwarf *Jacaranda* sp. (Bignoniaceae), which may be new for Bolivia or Pando but needs to be confirmed. Also in the sartenejales, we collected a *Tococa* sp. and a *Salpinga* sp. (both Melastomataceae) that appear to be new for Pando, if not Bolivia.

Parkia ignaefolia (Fabaceae) may be also be a new record for Bolivia, but this needs confirmation. It was found in the sartenejal forest at the Piedritas site. At least one of the *Peltogyne* species we observed (also Fabaceae) and *Syngonanthus longipes* (Eriocaulaceae) were new to Bolivia.

Pseudima frutescens (Sapindaceae) occurred in terra-firme forest at the Caimán site and has been collected only a few times in Pando. *Chaunochiton* (Olacaceae), with strange, large fruits, was collected in terra-firme forest at the Manoa site and has only been documented once or a few times before in Pando.

Two Lecythidaceae, a delicate, sparsely branched, shrubby *Gustavia*, and a large arboreal *Couratari* with very tiny, slender fruits need to be checked. They were common and striking in seasonally innundated habitats but we did not recognize either species.

To our knowledge, none of these species is endemic to the Área de Inmovilización Federico Román, nor is any likely to be. Those constituting new records for Bolivia are species that occur elsewhere to the north and east, with additional novelties for Pando coming from the south. Because of its position in the extreme northeastern corner of Bolivia, the Área de Inmovilización Federico Román does protect species and habitats that are found nowhere else in Pando or Bolivia. Furthermore, the Área de Inmovilización serves as an important refuge for many species and habitats of southwestern Amazonia which have been lost, or are currently being destroyed to the north and east in Brazil.

PLANTS IMPORTANT TO WILDLIFE

Many of the dominant species in terra-firme forests of the Área de Inmovilización provide food for birds and mammals, e.g., trees in the families Fabaceae, Moraceae, Lecythidaceae, Arecaceae, Myristicaceae, and Rubiaceae. In the low sartenejal and other poorly drained habitats, the volume of fruits and seeds produced appears to be much less.

INFERRED HISTORY OF HUMAN USE

The Área de Inmovilización Federico Román sits at the junction of the Abuna and Madera Rivers just downstream from several major rapids that impede navigation. This area may have functioned as a crossroads in the last two centuries but we did not see signs of old, large-scale habitat manipulation. The major change reportedly occurred about 30 years ago, when logging roads were built and most of the terra-firme habitats were selectively logged for the most valuable timber, e.g., *Swietenia macrophylla* and *Cedrela odorata* (Meliaceae), *Amburana cearense* and *Cedrelinga* sp. (Fabaceae). This seems to have been a short-lived disturbance and the forests in this region have not been greatly disturbed since that time. Juveniles of all of these commercial species are still present in the forest, which bodes well for the future, especially if these species become protected from overharvesting. We did observe recent timber harvest in the southwest corner of the Caimán site, in the Los Indios forestry concession, but that was not yet extensive within the inventory area.

There has been no major immigration of people along the logging roads into the heart of the Área de Inmovilización Federico Román. However, gold mining in the river and on land has been a major pursuit in the last couple of decades (see Human Communities). The main impact of the gold mining is local, as seen in the abandoned pits to the west of Nueva Esperanza (Figure 7A). Supplemental hunting along the Madera River has resulted in a small to moderate number of trails that penetrate the forest but the overall effect of these, and the few remote chacras we saw during the overflights, is not great at present. Some of the trails appear to be used to extract wood and possibly other materials to the Brazilian side of the river or to the gold dredges (dragas) currently moored in the Madera.

Brazil nuts were long harvested in the area, until local prices dropped to a level that discouraged this practice. At present, except close to the human settlements, virtually no Brazil nuts are harvested, even though large Brazil-nut trees (*Bertholletia excelsa*) are a common and conspicuous element in the terra-firme forest. Rubber trees (*Hevea guianensis*) in the area are often large but less common, and none showed scars from recent tapping.

THREATS AND RECOMMENDATIONS

Habitat destruction through widespread timber harvest, conversion to cattle pastures, or creation of cultivated fields is the primary threat. However, the soils of most of the Área de Inmovilización are sufficiently poor that neither agriculture nor ranching would be successful for more than a couple of years. For this reason, the devastation caused by habitat destruction would greatly outweigh any short-term benefits to humans. Instead, we recommend the following alternatives:

1) In the terra-firme habitats south (and west) of the Área de Inmovilización, work with local communities and the owners of the logging concessions to establish ecologically sensible forest-management plans that avoid uncontrolled colonization and over-exploitation and depletion of these forests.

2) Designate the current Área de Inmovilización Federico Román, and additional area in adjacent terra-firme forests, as a National Wilderness Reserve (Reserva Nacional de Vida Silvestre). This area is large enough to function as a core reserve for many plants and animals that are found nowhere else in Bolivia and are being rapidly decimated in adjacent Brazil.

3) Establish cooperative agreements with the Bolivian military to help them carry out more effective patrols against unlawful incursions into the Área de Inmovilización Federico Román by game, gold, and timber poachers gaining access by the Abuna and Madera Rivers. Staff at the military posts could gain resources for their work and could receive training in conservation enforcement, thus providing action and information in support of conservation goals.

4) Explore the possibility of conservation tax credits or other benefits at the government level for the local Municipios. Approximately 20% of the Municipio de Nueva Esperanza now comprises the Área de Inmovilización. If a National Wilderness Reserve is declared that encompasses the Área de Inmovilización plus additional lands to the south and west, 40–50% of this Municipio could be land primarily dedicated to the conservation of native flora and fauna. For example, there may be ways of encouraging economic incentives for the sustainable harvest of Brazil nuts in this region, which are common but now essentially unutilized because of market prices.

5) Carry out further on-the-ground inventories in cooperation with BOLFOR, UAP, and the Bolivian national museums, targeting habitats in the Área de Inmovilización Federico Román not sufficiently explored during this short inventory, e.g., dry and wet lajas, habitat dominated by one or a few tree species with densely packed crowns (the "zona naranja"), and additional variants of sartenejal forest. These studies should also strive to understand the role of fire and

soil in generating the *Scleria* forest, laja habitats, and sartenejales, in comparison to the ecological factors that engender open and revegetated pampas further to the south and west.

AMPHIBIANS AND REPTILES

Participants/Authors: John E. Cadle, Lucindo Gonzáles, and Marcelo Guerrero

Conservation Targets: Southwestern terrestrial Amazonian herpetofauna, crocodilians, and river turtles.

METHODS

We sampled three sites within Federico Román province: Caimán (13–16 July 2002), Piedritas (17–20 July 2002), and Manoa (21–24 July 2002). Coordinates and general descriptions of these sites are given in the Overview of Inventory Sites section of this report.

We used transect sampling and random encounter survey methods to inventory amphibians and reptiles. We attempted to obtain voucher specimens for all species encountered except for crocodilians, which we photographed. However, we recorded some species only as sight records or (for frogs) calls heard; these are indicated in the list of species (Appendix 2). We walked trails during both day and night surveys. In addition, we focused on specific kinds of microhabitats—such as ponds, streams, and rivers—that might be used by amphibians and reptiles. Voucher specimens are deposited in the Museo de Historia Natural "Pedro Villalobos" (CIPA, Cobija), Universidad Nacional de Pando (Cobija), and the Museo de Historia Natural "Noel Kempf Mercado" (Santa Cruz); representative samples will ultimately be deposited in The Field Museum (Chicago).

Our survey methods did not yield results interpretable as quantitative measures of species' relative abundances. Because we were conducting the survey during the dry season, the most unfavorable period for activity of most amphibians and reptiles in the region, our survey did not detect certain species that we are reasonably sure are common to abundant elements of the fauna surveyed. In addition, for most tropical rainforest herpetofaunas, repeated measurements of relative abundances at the same site over long periods of time are required to obtain relative abundances with any confidence because of the strong dependence of activity of amphibians and reptiles on microclimatic variables at small spatial and temporal scales.

RESULTS OF THE HERPETOFAUNAL SURVEY

We recorded 44 species of reptiles (19 snakes, 20 lizards, 3 crocodilians, 2 turtles) and 39 species of amphibians (all frogs) from the three Federico Román sites (Appendix 2; see also Systematic Comments, below). Once systematic problems and tentative identifications are resolved, these totals may be modified slightly. We suspect that all species we detected are found in appropriate microhabitats throughout the region; moreover, since we were sampling during the dry season, encountering a particular species at a particular site was very opportunistic. Therefore, we do not think it is fruitful to evaluate or compare each sampled site separately. Despite differing species compositions in the sample from each site, we found comparable total numbers of snakes, lizards, and frogs at all three sites: Caimán (10 snakes, 10 lizards, 23 frogs), Piedritas (9, 9, and 25 species, respectively), and Manoa (10, 12, and 20 species, respectively). The differences between the forestry concession site (Caimán) and the two Área de Inmovilicíon sites (Piedritas and Manoa) probably reflect only the nature of the sampling methods, the brief sampling periods, and the dampening effect of the dry season on activity of amphibians and reptiles in general. We consider the entire sample as representative of the herpetofauna at all three sites subject to minor differences based on microhabitat availability (see discussion of plant communities).

Based on more thoroughly inventoried sites in southwestern Amazonia, we suspect that the total herpetofauna for Federico Román would total 140–160 species (approximately 80 species of reptiles and 60–80 species of amphibians). Our inventory probably sampled about half of the frog species and about the same proportion of reptile species that might be expected for the three sites.

Virtually all of the species we recorded are common elements of herpetofaunas in southwestern Amazonia, and have been recorded at other well-inventoried sites in southeastern Peru (Manu National Park, Tambopata Reserve, Cuzco Amazónico, Pampas del Heath; Rodríguez and Cadle 1990, Morales and McDiarmid 1996, Duellman and Salas 1991, Cadle et al. 2002, and R. McDiarmid, pers. comm.) or northern Bolivia (Reserva Nacional Manuripi; L. Gonzáles, unpublished data). Many are widespread Amazonian species and are found, for example, in the region of Iquitos, Peru (Dixon and Soini 1986, Rodríguez and Duellman 1994); Santa Cecilia, Ecuador (Duellman 1978); or Manaus, Brazil (Zimmerman and Rodrigues 1990). No species of amphibian or reptile we observed are local or regional endemics. The fauna is characteristic of other areas of northern Bolivia and southeastern Peru (Cadle and Reichle 2000).

Despite the primarily Amazonian affinities of the Federico Román herpetofauna, a few species are more generally associated with more open formations to the south. These include *Leptodactylus labyrinthicus* (Leptodactylidae) and, pending resolution of taxonomic difficulties, possibly *Bufo granulosus* (Bufonidae) and *Leptodactylus chaquensis/macrosternum*. *Bufo granulosus*, although widespread in South America, is a complex of species, some forms of which are characteristic of open formations in eastern Bolivia. *Leptodactylus chaquensis* and *L. macrosternum* (see Systematic Comments below) are sibling species and indicative of a pattern observed in some western Amazonian species north of the Beni River: they have close relatives in drier, more open formations of southern Bolivia, Argentina, Paraguay, and/or southwestern Brazil (Cadle 2001). The record of *Leptodactylus labyrinthicus* is near the northern limit of the species in Bolivia, although it has been reported from the Parque Nacional Madidi (Pérez et al. 2002).

Our collections include several new country records for Bolivia, although these species were expected on the basis of other distributional records nearby in Brazil or Peru: *Dendrobates quinquevittatus* (Dendrobatidae; see Caldwell and Myers 1990), *Anolis* cf. *transversalis* (Iguanidae, tentative identification), and *Uranoscodon superciliosus* (Iguanidae; see Avila-Pires 1995 for summaries of lizard distributions).

As would be expected for dry season sampling of a tropical herpetofauna, the seasonal effect was most notable on the frogs detected in our inventory. Frog activity was very low, as evidenced by few species calling and few individuals of each species active. We found evidence of only two species of frogs actually reproducing during our sample period: nests of *Hyla boans* were common along streams at the Caimán site and tadpoles tentatively identified as this species were collected; the other species breeding during the sample period is probably a species of *Colostethus*, again tentatively identified by tadpole samples. We heard a few other species calling on several to many occasions (e.g., *Bufo granulosus*, *B. marinus*, *Hyla lanciformis*, *Leptodactylus fuscus*), but we saw neither eggs nor tadpoles of these species.

SYSTEMATIC COMMENTS

Unresolved problems with the systematics of certain groups represented in our inventory preclude precise identifications of some voucher specimens at the present time, and additional study is necessary for some others. These comments will help researchers (who may wish to use our preliminary report in faunal, distributional, or systematic work) gauge the uncertainty inherent in rapid surveys of herpetofauna in areas such as Federico Román. We stress that this report, written before adequate study of the collections, should not be taken at face value particularly with respect to the identity of the more difficult groups in the inventory. The following comments call attention to the availability of specimens that might help resolve distributional or taxonomic issues.

Bufonidae: Our sample contains two species of the *Bufo margaritifer* complex, which is widely recognized to contain many poorly differentiated species, some of which are as yet undescribed (Hoogmoed 1990).Without more detailed study we hesitate to assign names to specimens in our sample. Two species of the complex have been reported previously from Pando (Köhler and Lötters 1999).

Dendrobatidae: Our collection of two specimens of *Dendrobates quinquevittatus* represent the first record of this species from Bolivia. Our specimens conform to the strict concept of that species discussed and illustrated by Caldwell and Myers (1990: figure 7).

We recorded two species of *Colostethus*, *C.* cf. *trilineatus* and an unidentified species, from Federico Román. As Köhler and Lötters (1999) indicated, the identity of species of *Colostethus* in Bolivia is uncertain. Specimens from southeastern Peru and northern Bolivia have been referred to as *C. marchesianus* (e g , Duellman and Salas 1991, Pérez et al. 2002). That is doubtful based on new descriptions of specimens from the type locality (Caldwell et al. 2002) and the population studied by Duellman and Salas (1991) was subsequently referred to *C. trilineatus* (De la Riva et al. 1996). Pending much needed comprehensive study of *Colostethus* in western Amazonia (Caldwell et al. 2002), we tentatively assign *marchesianus*-like specimens from Federico Román to *C. trilineatus* following Köhler and Lötters (1999). Our unidentified species is very similar to *C. trilineatus*, has a deep yellow venter, and apparently corresponds to *Colostethus* species A of Köhler and Lötters (1999).

Our assignment of the names *Epipedobates pictus* and *E. femoralis* to specimens is only provisional. These two species are easily confused (Rodriguez and Duellman 1994). Additionally, the *Epipedobates pictus* complex is an array of confusing sibling species, at least three of which occur in northern Bolivia and/or adjacent regions of Brazil (*E. pictus*, *E. hahneli*, *E. braccatus*). Furthermore, "*Epipedobates pictus*" and "*E. hahneli*," each include two or more distinct species (Caldwell and Myers 1990, Köhler and Lötters 1999). The confusion of species in this complex in southwestern Amazonia was discussed by De la Riva et al. (1996) and Köhler and Lötters (1999).

Hylidae: One species of *Osteocephalus* that we collected is an undescribed species known from northern Bolivia and southern Peru.

Leptodactylidae: *Leptodactylus chaquensis* and *L. macrosternum* are sibling species that can only be distinguished by call characteristics (De la Riva et al. 2000). Their precise distributions are unclear, but they overlap in eastern Bolivia. We obtained a single specimen and are uncertain at this time which name applies to it.

Microhylidae: Our sample includes three specimens of *Chiasmocleis* that can be distinguished by superficial aspects of coloration, but two are represented only by juveniles. One to three species may be represented by the specimens.

Iguanidae: We collected one female specimen of a large *Anolis* that we refer to *A. transversalis*. We believe this would be the first record from Bolivia if our identification is correct (cf. the distribution summarized by Avila-Pires, 1995). We have not yet verified that the scutellational features of our specimen conforms to *A. transversalis*. In life the ground colors varied from bright metallic green to brown, but the middorsal area was sky blue. The dorsum was marked with diagonal rows of dark brown spots. The head was mainly green with small brown spots. The venter was pale green. The large dewlap was deep yellow, almost ochre, with metallic green scales forming diagonal stripes. *Uranoscodon superciliosus* is represented by a single specimen in our collection, but we observed several others at the same locality. This represents the first record for Pando (Avila-Pires 1995, Dirksen and De la Riva 1999).

Scincidae: At least three species of *Mabuya* (*M. bistriata*, *M. nigropunctata*, and *M. nigropalmata*) are known from the general region of Pando. We do not assign names pending more detailed study of the specimens. The systematic confusion of Amazonian species of *Mabuya* was discussed by Avila-Pires (1995).

THREATS AND RECOMMENDATIONS

All of the species in our sample are expected for this region. None are known to be regionally endemic or keystone species, and most are widely distributed in Amazonia. No single species in our sample is particularly noteworthy in terms of conservation priority, but the region probably harbors an intact terrestrial herpetofauna despite previous logging in the area (river turtles and crocodilians need additional study). Maintaining the present herpetofaunal community intact, rather than focusing on individual species, should be a focus of conservation efforts.

The most general threats to maintenance of this intact herpetofaunal assemblage are forest disturbance and clearing, though we cannot specify or quantify these effects in detail. Opening of the forest through logging or clearing has diverse effects, creating more habitat for "open formation" species and consequently decreasing habitat for closed forest species. The most damaging influence of forest disturbance insofar as the herpetofauna is concerned is a general drying of forest microhabitats (e.g., leaf litter) that are very important for many species of amphibians and reptiles. Any management of these forests should strive to maintain moisture, light, and temperature regimes of the understory, leaf litter, and ground surface essentially intact.

A potential focus of conservation might be species of crocodilians or turtles in the region. We detected few species and few individuals of them along the main course of the Madera River. We saw no *Caimán niger*, which would be of interest if there are still population remnants left. Local informants claim that the Madera River houses a population of *Podocnemis expansa*, a large river turtle that is extremely endangered in most of Amazonia where it still occurs. We cannot substantiate whether the turtle still exists in this part of the Madera River, but this would be a species for conservation efforts if such a population exists.

As indicated by Cadle and Reichle (2000) and Cadle (2001), the portion of Bolivia north and west of the Beni River (Pando and portions of La Paz departments) harbors a herpetofauna very similar to others in southwestern or western Amazonia. The sites within Federico Román we sampled fit easily within this pattern. This specific region is probably not of particular import herpetologically except as a relatively intact assemblage representative of this herpetofauna.

There is a need for longterm surveys of herpetofauna in most of Amazonia. Despite the fact that several sites have been surveyed within southwestern Amazonia, the microgeographic scale of the distribution of some species means that we can still learn much from continued surveys in new regions. Obviously, for amphibians and reptiles, these should be conducted during the seasons most favorable for activity (i.e., rainy season).

There is also a need to understand the effects of disturbance on particular species of amphibians and reptiles. The only place within Amazonia where this has been studied is the vicinity of Manaus in Amazonian Brazil (Zimmerman and Rodrigues 1990). These studies should be replicated, especially with the different forest types that are present in southwestern Amazonia compared to those in central Amazonia. Because some of the history of disturbance of the forests within Pando can be recovered from historical documents, Pando offers an excellent opportunity to evaluate these effects on individual species of amphibians and reptiles.

BIRDS

Participants/Authors: Douglas F. Stotz, Brian O'Shea, Romer Miserendino, Johnny Condori, and Debra Moskovits

Conservation Targets: Large game birds, especially populations of tinamous, cracids, and trumpeters; parrots; terra-firme forest birds; birds of seasonally-flooded forests; endemic birds of southwestern Amazonia.

METHODS

We walked roads and trails to locate and identify birds, usually walking alone, or occasionally in pairs. We left camps from one to three hours before sunrise, remained in the field typically until late morning or early afternoon, and returned to the field for a period from mid-afternoon until sunset to two hours after sunset.

We made efforts to survey all habitats at each of the camps, and to have at least one observer in each of the well-defined habitats at dawn for at least one day. All field observers carried binoculars, and O'Shea carried a cassette recorder with a directional microphone to make sound recordings. The sound recordings will be deposited at the Library of Natural Sounds, Cornell Laboratory of Ornithology.

Stotz and O'Shea did a series of unlimited distance point counts at each of the camps. Each point count lasted 15 minutes. We began points 15–30 minutes before sunrise, and did eight points 150 meters apart along pre-existing trails and roads in one morning. We concentrated in taller, terra-firme forest and had a total of 32 points at Caimán, eight at Piedritas, and 24 at Manoa. In addition, O'Shea and Stotz recorded the numbers of individuals of all bird species observed to aid in assessing relative abundance.

RESULTS

The bird team recorded a total of 412 species during 12 days at three camps. The short periods spent at each camp contributed to the large number of species that were recorded at only a single camp. However, there were also strong avifaunal differences between camps, especially between Caimán, in hilly terra-firme forest, and the other two camps farther north, which had flatter topography, more riverine influenced habitat, and less rich terra-firme forest. We recorded 300 species at Caimán (plus 19 additional species around the village of Nueva Esperanza), 284 at Piedritas (plus seven on river trips to and from the site) and 299 at Manoa. In 1992, Ted Parker surveyed birds for seven days at two camps farther west in Federico Román (Sites 3 [Río Negro] and 4 [Fortaleza], in Appendix 6 of Parker and Hoke 2002). He observed 276 species. His list of species at these camps suggests that the avifauna at these sites is similar to the avifauna we encountered in the terra-firme forests at Piedritas and Manoa. Parker recorded 16 species that we did not find (his Table B1).

Northeastern Pando, biogeographically, can be viewed as the easternmost extent of southwestern Amazonia. In general, we found the southwesternmost species in complexes with allospecies replacements across Amazonia. However, there are signs that the region we surveyed has some mixing of avifaunal elements. We (and/or Parker) encountered 13 species (see Appendix 3) that otherwise in southwestern Amazonia are known only from east of the Madera River. Also the diversity of southwestern Amazonian endemics is much lower than that found farther west in Amazonia. We found only seven of the 26 southwestern Amazonian endemics listed by Parker et al. (1996). In comparison, Schulenberg et al. (2000) recorded 13 such species in western Pando, despite recording nearly one hundred fewer species overall.

The avifauna in Federico Román is surprisingly different from other parts of Pando. Schulenberg et al. (2000) recorded over 60 species that we did not encounter in a similar inventory, while we observed about 160 species that he did not encounter. Comparisons of these relatively brief surveys may overstate the differences among sites with many rare species being observed at only one site that with more intensive surveys would be found at both sites. However, at Federico Román we also observed 72 species that have not been recorded in on-going surveys at the Reserva Nacional de Vida Silvestre Amazónica Manuripi, where more than 500 species of birds have been recorded (Miserendino, unpubl.) While some of these species eventually will be found in the Manuripi reserve, a difference of this magnitude in such nearby Amazonian sites is striking.

One of the most salient aspects of our avifaunal surveys was finding at all three sites large populations of game birds. Trumpeters (*Psophia leucoptera*) and currasows (*Mitu tuberosa*), as well as other large, hunted birds were encountered regularly at both Caimán and Piedritas and seemed rather tame. As these species usually are depleted locally or become very skittish when hunted, this indicates that there is very little current hunting pressure in this region, despite a significant human population on the Brazilian side of the river and two Bolivian villages not very distant from Caimán. Maintainence of large populations of these species in the new wilderness reserve is an attainable conservation goal. It would also be instructive to understand why the hunting pressure is so low, despite the presence of large human populations in the region.

The three camps surveyed showed distinct differences in their avifauna. Caimán stood out especially as different from the other two. Caimán had a more diverse and abundant terra-firme forest avifauna. In point counts at Caimán, we found 152 species, versus a total of only 128 at the other two camps. Additionally, about 20% more birds were recorded per point at Caimán, indicating a higher density of birds. Caimán has an essentially typical avifauna, in comparison to other intact terra-firme sites in Amazonia. Piedritas and Manoa, on the other hand, are below average in terms of their typical forest avifauna. The avian diversity of these latter two camps is nonetheless reasonably high, reflecting the contribution of river-associated habitats and a high level of diversity in forest structure at these two camps.

During our surveys, we found four species previously unrecorded from Bolivia and 16 additional species that were unrecorded from Pando (Appendix 3). Most of these birds are not unexpected as they have been recorded in nearby parts of Brazil or Beni, but they indicate that Pando remains underexplored for birds. Of the four species new to Bolivia, *Amazona festiva* is regular along the Madera River farther north in Brazil, and *Brotogeris chrysopterus* and *Bucco capensis* are known from several sites in adjacent Rondônia. *Conopias parva* was more of a surprise: its published range extends only to near the south bank of the Amazon. However, it apparently occurs at least locally through much of southern Amazonian Brazil (M. Cohn-Haft, pers. comm.).

Caimán

Although vegetation here was dominated by hilly terra-firme forest that had been lightly logged, and most of our access was via dirt roads that had a narrow strip of second growth at their edge, we recorded a very diverse terra-firme forest bird community at Caimán. We recorded 46 species of birds only at this site. However, this greatly understates the differences between Caimán and the other two sites. Many species of forest birds were far more abundant at Caimán than at the other two camps.

The most notable aspect of the avifauna at Caimán was undoubtedly the mixed-species flocks of both understory and canopy. We encountered these flocks regularly and the number of species in the flocks was high, especially in the canopy flocks. In much of Amazonian Bolivia (e.g. northeastern Santa Cruz), these mixed-species flocks are somewhat local, especially in the understory, and not as diverse as such flocks farther north in Amazonia. At Caimán, the understory flocks were typically less diverse than one might find in a more central Amazonian site, but we found all understory flock species expected in the area.

One unusual find at Caimán was reasonably good numbers of *Notharchus ordi*. We observed at least five different individuals, including one pair. This species is typically rare and although widespread across Amazonia, seems to be patchily distributed. Previously, it was known in Bolivia only from two birds collected near Cobija (Parker and Remsen 1987).

Piedritas

The forest here was extremely variable in its structure. Most of the area was terra-firme forest with a high density of palms, but there were extensive sartenejales and a moderately extensive area of flooded forest associated with a large arroyo.

The terra-firme forest avifauna was more depauperate than at Caimán, with low densities of many common species. Noticeable in their rarity were mixed-species flock species and territorial understory antbirds. Compared to Caimán, Piedritas had much lower levels of bird activity in the terra-firme forest. However, additional habitats, especially low sartenejales (seasonally flooded forests along a stream about 1 km west of the camp) and habitats along the Madera River resulted in nearly as many species being recorded here as at Caimán.

Although the seasonally flooded forest was relatively small in area, the diversity of species restricted to this habitat was surprisingly high. Of the greatest interest among these species were *Myrmotherula assimilis*, an antwren that is usually restricted to river islands, and *Zebrilus undulatus*, a rare, but in Amazonia widespread heron, previously unrecorded in Pando. The sartenejales were very low in diversity and numbers of birds. Only manakins (Pipridae) seemed to be relatively common. However, several species associated with savannas or white-sand scrubs in Amazonia were recorded in these habitats, including *Galbula leucogaster*, *Xenopipo atronitens*, and *Hemitriccus striaticollis*. *Cnemotriccus fuscatus*, although also found in second growth and thickets near the arroyo, was common and perhaps the most characteristic species in this habitat type.

Piedritas and Manoa shared 42 species that we did not record at Caimán. Most of these represent second-growth species, such as *Taraba major*, *Myiarchus ferox*, and *Chelidoptera tenebrosa*, or species associated with riverine habitats such as shorebirds, terns, kingfishers, and swallows. The forest-dwelling species were almost entirely associated with seasonally inundated forests or with the low-stature forests that were absent at Caimán. Although Piedritas and Manoa had more second-growth species than did Caimán, this portion of the avifauna was not very common or diverse. Several typically common species of these habitats were unrecorded at any site including *Tyrannus melancholicus*, *Myiozetetes similis*, and *Saltator coerulescens*.

Manoa

Like Piedritas, the density and diversity of birds in the terra-firme forest at this site was substantially lower than that found at Caimán. However, this effect was less severe than at Piedritas. The richest area at Manoa was the high-ground forest on the bluffs overlooking the Madera and Abuna Rivers. Densities of birds fell off as one moved inland in the high-ground forest.

In a number of areas there were woodlands of lower stature, usually covered with a viney razor-sedge (*Scleria*, Cyperaceae). These *Scleria* forests were probably seasonally inundated. Although distinct botanically from the sartenejales at Piedritas, these forests had many of the same bird species. Additionally, a few of the species restricted to the seasonally flooded forests at Piedritas (e.g. *Thamnophilus amazonicus*, *Neopelma sulphureiventer*) were in the *Scleria* forest. At the edge of one of these low-stature woodlands, Stotz observed and heard sing a *Herpsilochmus* belonging to the *atricapillus* complex. True *atricapillus* occurs in the deciduous forests of eastern and central Bolivia, but the bird seen at Manoa probably belongs to a currently undescribed species that is known from Amazonian Brazil west of the Madera River (M. Cohn-Haft pers. comm.). In the absence of any documentation, the assignment to this undescribed form must remain tentative. Obtaining a tape-recording of this species from Federico Román would contribute to our understanding of this complicated group of species.

THREATS AND PRELIMINARY RECOMMENDATIONS

The main threat to this area's avifauna is forest destruction. Much of the forests in Brazil just across the Madera River from this area have been destroyed for agricultural development. In this part of Pando, human populations are low, but expansion of the small communities at Nueva Esperanza and Arca de Israel could threaten the area's forests. The terra-firme forest around our Campamento Caimán has been lightly logged and is in a logging concession. The area around Manoa and Piedritas, although lightly logged about 30 years ago, is now not disturbed by logging. Some collection of Brazil nuts was occurring, but there was no organized system of collection in the region (see comments on this issue on page 78).

Large populations of relatively tame gamebirds and monkeys suggest that hunting pressure has been limited or non-existent to this point. However, the high human population density on the Brazilian side of the Madera and Abuna Rivers means that hunting is a concern; already fishermen regularly use the Bolivian shore to tie up their boats.

This area at the northern tip of Bolivia in northeastern Pando contains a rich Amazonian avifauna. The over 400 species we recorded in less than three weeks marks it as one of the most diverse sites in Bolivia. It especially stands out as an important site for a protected area because of the extensive deforestation that has occurred and is continuing immediately across the boundary rivers in Brazil. The small human populations on the Bolivian side means that a conflict between development and conservation is not inevitable here.

We recommend creation of a large protected area that includes the distinctive, hilly terra-firme forests around Caimán, as well as the diverse forest habitats found in the Área de Inmovilización to the north. The forests near Caimán were clearly the richest for birds, with greater diversity of species and population density. At the same time, that area lacked the habitat diversity that we found at Piedritas and Manoa. To protect the impressive avian diversity will require conservation of the contiguous habitat types in and south of the Área de Inmovilización. The opportunity for conservation is huge.

LARGE MAMMALS

Participants/Authors: Sandra Suárez, Gonzalo Calderón, and Verónica Chávez

Conservation Targets: Bolivian red howler monkeys (*Alouatta sara*, "manechi"); Black-faced black spider monkeys (*Ateles chamek*, "marimono"); primates in general because of their high species richness and high population densities; pink river dolphins (*Inia boliviensis*, "bufeo" or "boto"); and commonly hunted large mammals such as white-lipped peccaries (*Tayassu pecari*, "tropero") and tapirs (*Tapirus terrestris*, "anta").

METHODS

We inventoried nocturnal and diurnal large mammals using a combination of methods, including visual sightings and other secondary clues such as distinctive odors, tracks, vocalizations, nests or dens, and other traits left behind by animals such as chew marks, holes, urine, and feces. These data were collected by walking transects and roads between 6:30 AM and 6:30 PM for diurnal mammals and from 6:30 PM to 6:30 AM for nocturnal mammals. Three mammalogists logged a total of 303.75 observer hours over 10 days. Broken down by site, this includes 107 hours at Caimán (four days), 92 hours at Las Piedritas (three days), and 104.75 hours at Manoa (three days). While we included records from other biologists, their observer hours were not calculated.

In addition to this simple survey method, we also created "track scrapes" along one transect at the Piedritas site by clearing all the leaf and other organic debris from an area along the transect and sifting approximately 1 cm of dirt over the clearing using 2 mm plastic mesh. We made a total of 10 track scrapes approximately 50 m apart, each measuring approximately 1 m long by 0.5 m wide. These pits were re-visited twice on consecutive days to check for animal tracks. Unfortunately, this method did not prove to be very effective; almost no tracks were seen in the track scrapes. Instead, most animal tracks recorded were along stream edges, along the road, and in mud wallows.

We counted groups or solitary animals as one registry and took care not to count the same group or animal seen by several observers more than once. Where tracks were concerned, we counted one record per site, wallow, stream edge, or mud pit along a road. Whether one animal/group or several animals/groups left tracks in an area, we counted this as one record, as there was no way to distinguish between the tracks of one animal or another, nor the age of the tracks. Therefore, our recordings are underestimates.

We also inventoried some small mammals by placing 15 snap-traps on the ground every 15 m, and five snap-traps 1–2 m above the ground in small trees, for a total of eight days (three days at Caimán, three days at Piedritas, and two days at Manoa). The traps were baited with squash (Cucurbitceae) flavored with vanilla extract and were checked every 24 hours for specimens, which were preserved by injecting their abdomens with a 10% formalin solution and then submerging them in 70% ethanol. Only three small mammals were trapped, and we manually captured the other two.

We estimated abundance per taxon based on the number of registries during the inventory. The five categories for abundance were as follows, in descending order: abundant, more common, common, less common, and rare. Animals that were not recorded were listed as "expected." These categories are broad and take into consideration the expected abundance for the animal in question and whether the records are based on actual sightings or secondary evidence.

"**Abundant**" describes species that are commonly seen, or where secondary evidence, such as tracks, is very common.

"**More common**" describes species that are sometimes seen, or whose secondary evidence is common.

"**Common**" refers to animals that are not difficult to see, or whose secondary evidence is normally present in an area, but not as widespread as "more common" species.

"**Less common**" is a category including species that are not normally seen, but are registered more than once.

"**Rare**" is used for species that are almost never seen.

Some species were registered a different number of times, but were placed in the same abundance category. This is due to the expected abundance for that particular species in the areas sampled. For example, pink river dolphins (*Inia boliviensis*) are not present in most regions of Pando, but where they occur, they are common. We registered dolphins only four times at a single site, but gave them an estimated abundance as "common"; they are considered "regionally" common, and during our inventory were spotted on many of the few occasions that it was possible. On the other hand, night monkeys (*Aotus nigriceps,* Figure 6D) were recorded seven

times, three of these records were actual sightings, and they were listed as "common" as well.

Nomenclature for all large mammals except primates follows Emmons (1997). Primate nomenclature follows Rowe (1996).

RESULTS

We registered a total of 44 species in the entire inventoried area, 39 of which were large mammals representing 80% of the expected 51 large mammal species for the area. Our list of expected species was based on what occurs in other areas in Pando and on distribution maps (Rowe 1996, Emmons 1997).

The area overall showed a very high diversity and density of large mammals, with 10 species of primates. Although populations of large, commonly hunted mammals were perceived to be healthy throughout the region, we found differences in species abundance in the three different sites, undoubtedly due to differing degrees of human intervention.

Caimán

Caimán was the site most populated by humans, with two communities and a military post nearby. Additionally, on the Brazilian side of the Madera River is the small town of Araras and a highly transited thruway. The inventory area also includes an active logging concession with logging roads. The effects of this human activity were apparent in the density and species we recorded at Caimán. Although large mammal density was high, there were several differences when compared to the other two inventory sites (Piedritas and Manoa). Tapirs (*Tapirus terrestris,* Figure 6E), for example, were far more common in the other two sites. This may be due to more hunting in Caimán, but it may also be, in part, due to the location of our trail systems, which were generally roads and trails fairly close to human settlements. It is less likely that tapirs would travel in these areas.

The density of primates was also different at Caimán, with the most abundant species being the tamarin groups (*Saguinus fuscicollis* and *S. labiatus*) and brown capuchin monkeys (*Cebus apella*). These species fare well in disturbed forests and near human settlements. Although capuchin monkeys are commonly hunted, the community of Arca de Israel claims that they do not hunt for religious reasons. The local population of capuchin monkeys was healthy and they were not shy of people. Similar behavior in the tamarin groups leads us to conclude that the hunting of primates in the area is minimal, making it a good place for primate research. The low densities of other primate species such as monk saki monkeys (*Pithecia irrorata*) and white-fronted capuchins (*Cebus albifrons*), and the lack of some species such as howler monkeys (*Alouatta sara*) and spider monkeys (*Ateles chamek*), are probably due to logging activity. These animals tend to be shy of noise and people.

Similarly, the cat population (Felidae) was a bit smaller than at the other two sites, with almost all records from tracks. This is likely a result of logging and human activity.

There was a high density of tyras (*Eira barbara*) at Caimán compared to no records at the other two sites. While we suspect that tyras are present at the other sites, their high density at Caimán demonstrates their ability to live in disturbed habitats and near human populations (Emmons, 1997).

Of particular interest for this site was the possible discovery of a new species of agouti (*Dasyprocta* sp.) for Bolivia, or perhaps to science. Several researchers spotted a very dark or black species of agouti on different occasions. A clear identification was not possible, making further investigation and sampling of a specimen necessary in order to identify the species. It may be the black agouti (*Dasyprocta fuliginosa*), which is found further north in parts of Brazil, Ecuador, Peru, Colombia, and Venezuela, and whose southern range extension comes close to Pando. This would mean a considerable extension of its range to the south. It is also possible that this is a new species.

The long-furred woolly mouse opossum (*Micoureus demerarae*) was another new mammal registry for Pando.

Piedritas

Piedritas seemed to us to be the least disturbed of the three sites, with no human populations nearby, and only a highway near the river on the Brazilian side. Based on the high density and diversity of large mammals at this site, it was clear that hunting pressure is minimal. Commonly hunted species, which are usually the first to disappear under hunting pressure, were registered in the area. For example, white-lipped peccaries (*Tayassu pecari*) and howler monkeys (*Alouatta sara*) were recorded and very healthy populations of commonly hunted mammals such as tapirs (*Tapirus terrestris*, Figure 6E) and deer (*Mazama* sp.) were apparent. Other commonly hunted species, such as agoutis (*Dasyprocta variegata*), pacas (*Agouti paca*), and collared peccaries (*Tayassu tajacu*), were also very abundant.

Of the 10 species of primates we registered for Federico Román, nine were recorded at Piedritas. The only exception, the spider monkey (*Ateles chamek*), is normally very difficult to see in Pando, and most likely does exist at the inventory site. The primate densities at Piedritas were high, and the diversity of species was splendid, higher than at the other sites.

Of particular interest at Piedritas was a new squirrel (*Sciurus* sp.) for Bolivia or perhaps a new species for science. Several researchers observed a large, dark red squirrel with a dark chestnut-brown tail-base and white belly. No such species is registered for the area, and it may be the Junín red squirrel (*Sciurus pyrrhinus*), which is known from a small area in Central Peruvian montane forest. This may be an extension of its range, as well as its habitat. Further research and a specimen will be necessary to determine the species.

Manoa

The final inventory site, Manoa, was similar to Piedritas in large mammal diversity and density, despite the presence of considerable human activity on the Brazilian side of the Madera River. The town of Abunã in Brazil's state of Rondônia is just over the river. A major road passes through the town and includes a river crossing at the mouth of the Abuna River. The traffic from the highway, as well as the noise from the barges at the river crossing are heard clearly from within the forest on the Bolivian side. This may explain the drop in records of certain species in comparison to the previous two sites, particularly for Felids, where we had only one record (*Leopardus pardalis*). Nevertheless, populations of commonly hunted species, such as tapirs (*Tapirus terrestris*), were healthy. Even some of the rarer and difficult-to-see species that are commonly the first to disappear under hunting pressure, e.g., howler monkeys (*Alouatta sara*) and spider monkeys (*Ateles chamek*), were spotted. (Spider monkeys and coatis [*Nasua nasua*], were not seen at the other two sites, although they surely are present.) These are good indications that hunting pressure in the area is minimal.

The pink river dolphin (*Inia boliviensis*) was also only seen at this inventory site. It may not exist further up the Madera River. Some scientists consider the species in this region to be a separate species from the more common Brazilian form (*Inia geoffrensis*). The dolphins in the upper Madera River are an isolated population, and if considered a separate species, would be endemic to the region (Emmons 1997).

Of the 10 species of Primates expected for the area, eight were registered. Surprisingly, throughout the entire inventory of Federico Román, we never spotted the titi monkey (*Callicebus* sp.). We heard it once at Piedritas, and once at Manoa, but on the Brazilian side of the Abuna River (not registered for this RBI). Titis are common in most of Pando, and are usually not difficult to detect. Yet, we heard almost no vocalizations from this species, which may mean that it is rare in the region. This genus is under taxonomic revision (van Roosmalen 2002), and it is not clear which taxon exists in Pando, or if several taxa exist. It will be interesting to get clear records or specimens from the entire department, including Federico Román.

THREATS

At the moment, the clearest threat to the large mammals in Federico Román is hunting. There is pressure from the Brazilian side of the border, from which hunters cross over into Bolivia. At Manoa, we heard rifle shots across the Abuna River in a small fringe of forest that remains there. Fishing by Brazilians is frequent as well. People who knew of our presence in the area were eager to use our trails to hunt as soon as we left. In Caimán, hunting is also a threat to the local mammal population, but in this case not only from the Brazilians, but also from the local communities.

Habitat destruction in Federico Román is minimal when compared to other parts of Pando. Only at Caimán did logging activities, and to some extent the local communities, pose a threat to the mammals. For example, the large communal clearings made in Arca de Israel for subsistence agriculture are probably more threatening to some species than typical small clearings made by most communities in Pando. Also of concern are the active sawmills nearby in Brazil, which may extract wood from Bolivia.

Noise pollution from the thruway in Rondônia may negatively affect some species in Federico Román, particularly cats, causing them to move farther from the border. This is most severe in Manoa, but is most likely not a serious threat to the population.

Brazilian gold miners, still active along the Abuna and Madera Rivers, also pose a threat. The use of mercury for the extraction of gold is a serious danger to aquatic life, and in the case of mammals, to the population of dolphins. Similarly, the debris left behind from the gold rush in the 1980s—hundreds of rusting "dragas" (dredges) along both rivers— is oxidizing into the water and is an eyesore.

RECOMMENDATIONS

First and foremost, we recommend that the Área de Inmovilización Federico Román be designated a wilderness preserve, including the current logging concessions to the south. It is an area of very high mammal density and diversity, it is rich in primates, and has some species possibly new for Bolivia or for science. The area is characterized by nearly uninhabited, well-maintained forests, and represents the western extension of the Brazilian Shield, conserving some species that are disappearing just over the border, in Brazil.

Most threats to the area, such as hunting, are due to human activity that infiltrates from Brazil. We recommend that these hazards be controlled legally by giving the area conservation status, with international agreements regarding common waterways. On a similar note, noise pollution could be considerably reduced by imposing a strict speed limit and perhaps by constructing a bridge at the current barge crossing. Obviously, such activities would have to involve Brazilian cooperation and organizations. It may even be possible to protect the small fringe of forest that remains in Brazil to the north of the Abuna River as a buffer zone. Such international projects can be very encouraging for the creation of cooperative efforts for conservation, and can help avoid international conflicts.

Lastly, we recommend that further research be carried out in the area. Small mammals should be inventoried. Also, these forests would be excellent for behavioral studies of primates and almost all other local mammals, as most mammals were not shy of people. The area would also be useful for comparative research regarding the effects of human population on local wildlife. Finally, there is great interest in determining the species of several mammals in the area, such as: howler monkeys (*Alouatta sara* or *A. seniculus*), titi monkeys (*Callicebus* sp.), squirrels (*Sciurus* sp.), agoutis (*Dasyprocta* sp.), and pink river dolphins (*Inia boliviensis* or *I. geoffrensis*). Many of these taxonomic issues should be addressed locally as well as departmentally.

HUMAN COMMUNITIES

Participants/Authors: Alaka Wali and Monica Herbas

Conservation targets: Low-impact use of non-timber forest products, such as Brazil nuts, palm fruits, medicinal herbs; diversified-crop gardens; small livestock management.

METHODOLOGY

From 21-25 July, 2002, we used participant-observation techniques, semi-structured and structured interviews, and town meetings for our social assessment.

HISTORY

The recent history of settlement in the region began in the late 1970s with the discovery of gold by Brazilians, who quickly recruited Bolivians to work with them to stake claim to the gold. By 1982, Bolivian gold miners established a mining cooperative and in 1983, the Bolivian Government established a small naval port and army base on the Madera River. The peak of gold mining activity was in the mid 1980s, at which time, according to accounts by local inhabitants, there were literally thousands of small dredging machines in the river and nearby areas. Mercury was used to process the gold and residents spoke of contamination. The human population of the region at the time was estimated to be in the thousands. According to Bolivians who participated in the gold rush, there were high incidences of violence and crime associated with the gold mining, although mostly on the Brazilian side of the river. Between 1983–1992, the Bolivian mining cooperative (which by then went by the name of Nueva Esperanza) engaged in a running battle with the mining company EMICOBOL, which also was trying to stake a claim to a large area within the region. Those who participated in the effort to retain the cooperative's land developed organizing strategies, learned how to use the law and stake a claim to their land and economic rights. Eventually, they were able to establish the town of Nueva Esperanza, which gained its legal status (*personería jurídica*), in 1991, and in 1996, after several years of effort, they succeeded in making Nueva Esperanza the provincial capital.

By the early 1990s, however, the gold rush was reaching its end. Many people started leaving the region, and the population declined. However, there has been a steady trickle of people arriving since the early 1990s, and these new migrants today form the core of the population in the region. With the passage of the new forestry law in 1996, forestry concessions were granted and a logging camp, Los Indios, was established. The biggest new migration occurred only about two years ago, in 2000, when a religious commune migrated en masse and established the community of Arca de Israel, up river from Nuevas Esperanza on the banks of the Madera River (Figures 2D, 7C). The commune is part of an international religious group, "*La Asociacion Evangelica de la Misión Nuevo Pacto Universal,*" which has its origins in Peru and is probably millenarian in outlook. By 2002, two other communities were formed in the region—La Gran Cruz (which in part includes members of the same religious commune) and Puerto Consuelo—both of which are still attempting to obtain legal standing.

DEMOGRAPHY

Our report focuses on the two Bolivian communities we visited, Nueva Esperanza and Arca de Israel. Both communities are composed of migrants, the bulk of whom have arrived in the region after 1990. According to data supplied by officials at Nueva Esperanza, the entire municipal population is over 500 people, with about 136 in Nueva Esperanza and about 415 in Arca de Israel. The settlement pattern in both cases is that of a concentrated village, with houses arranged in linear form along "streets." Nueva Esperanza has a plaza where the offices of the Provincial and Municipal government are located. The dominant construction in Arca de Israel is a large church or temple where the community gathers for religious worship. As far as we can discern, the households are composed of nuclear families in both cases.

There are several key differences between the two villages. Nueva Esperanza's inhabitants seem to come largely from the Department of Beni, which like Pando, is ecologically part of the lowland tropics. Residents told us they had come to the region in search of gold and elected to remain even when they did not find it. On the other hand, Arca de Israel's inhabitants are almost all from the highland areas of Potosí, Chayanta-Norte, Cochabamba and Oruro. According to their accounts, they were living in a situation of poverty and constant land conflicts as a result of land fragmentation, erosion and tenure problems. For them, Federico Román is a haven and they perceive it as an opportunity to expand into the ample terrain that they see around them. According to the nurse at the clinic in Nueva Esperanza, the residents of Arca de Israel are not really interested in practicing birth control. Arca de Israel residents also informed us that they intend to bring additional family members and religious compatriots to the region as soon as it is economically feasible. Already, some members of the commune have established a second foothold in the region in the vicinity of the settlement of La Gran Cruz. A third settlement is also being formed.

ECONOMY

In both communities, a subsistence-oriented lifestyle predominates with a heavy dependence on slash and burn horticulture. The major crops are yucca and rice. People also cultivate various fruit trees, and plantains and bananas. The principal difference between the two communities is that whereas people in Nueva Esperanza use small-scale plots (each family cultivating for themselves), people in Arca de Israel clear large (50 hectares or more) plots for a communal planting. Thus, instead of each household working on their own, in Arca de Israel the work is allocated to "work groups" composed of 20 individuals. Each group has a leader and the community decides collectively which group will do what work on any given day. All resources are then redistributed equally among the commune members (although it may be that families with more children get more food, etc.).

The degree to which people hunt and fish in these two communities is not clear. According to Arca de Israel residents, they do not hunt at all, relying instead on livestock (pigs, chickens, sheep) for meat. Nueva Esperanza residents also seem to rely more on livestock (pigs, cattle, chicken) for meat although they may hunt occasionally. People do fish for subsistence purposes.

The principal source of cash in Nueva Esperanza is employment in the municipal and provincial government and work on government-funded projects for infrastructural improvements in the community (such as the Plan Nacional de Empleo and the Programa Integral de Empleo). Additional income is derived from the sale of horticultural produce (e.g., rice), sale of cattle (although it appears that only one or two families own cattle), and the sale of Brazil nuts when in season. People in Nueva Esperanza continue to mine for gold on a small scale.

In Arca de Israel, the principal source of cash income is the sale of rice. Interestingly, women here continue to weave textiles traditionally found in their highland homelands. However, they have not commer-cialized the textiles as of yet. Both communities have strong commercial links to the Brazilian communities on the other side of the Madera River. Many people in Nueva Esperanza appear to sell their products (rice, cattle) directly to merchants in Araras (for example, while we were there, a man slaughtered and sold a cow to one of the big store owners in Araras). People in both communities ferry their products across the river and then transport it by road in Brazil to Guajará-Mirim, crossing back there to the Bolivian city of Guayaramerín. Here, there are also many links to merchants (as well as familial ties for the people in Nueva Esperanza).

Aside from horticulture, the only other economic activities are also very small scale— a rice-processing mill in Nueva Esperanza, a Brazil-nut processing plant (which is not functioning, however, because of lack of funding to buy necessary parts), and a newly started small-scale brick making enterprise— all in Nueva Esperanza.

In sum, economic activities in the two communities are entirely within a regional context and do not link these communities to larger national or international markets. The sole exception is the lumbering activity occurring in the forestry concessions (but no one from either community, it appears, works at the lumber camp).

SOCIAL ORGANIZATION:
INFRASTRUCTURE AND INSTITUTIONS

The two communities differ in their mode of social organization. Nueva Esperanza is organized around its political and civil institutions, in addition to the social forms dictated by kinship and household networks. Arca de Israel, on the other hand, is organized through the religious structure, although a parallel governing structure dictated by the norms governing *personería jurídica* also is in place. It appears that in Arca de Israel, even household formation and kinship ties are subsumed under the religious norms of the commune.

Nueva Esperanza is the municipal and provincial seat, and these institutions (the alcaldía, the *subprefectura*, the office of the *corregidor*) are the principal vehicles through which the community sets laws and norms for governance. There are other governmental institutions as well, such as the Naval Base, the health clinic, and the school (which goes to intermediate level.). Arca de Israel only has a school and a small health post. Additionally, people in Nueva Esperanza pertain to political parties (which during our visit was particularly salient because of the recent elections), and these sometimes seem to define alliances or lines of schism. Interestingly, Arca de Israel decided collectively to join a single party and voted uniformly for one candidate for President. Indeed, the religious group, as a whole at the national level, voted en masse. Their reasoning was that this will give them a measure of political power. Residents informed us that a sign was given to their religious leader that the candidate of the Movimiento Nacional Revolucionario (MNR) party would win the election, and this was the party they all voted for. (This candidate did, in fact, win.)

Residents openly discussed the close links of Arca de Israel with the national religious organization and the mandate of that organization to expand.

While all of these national and departmental institutions are present locally, the relationships between the national and departmental governments and the local communities (especially Nueva Esperanza) have been conflictive. There is a perception that these institutions neglect and abandon the province of Frederico Román because of its remoteness. For example, people expressed great dissatisfaction with the establishment of the logging concessions under the new forestry law, because in effect the three concessions cover more than half of the land that pertains to the province and include the area around the municipal seat.

Civil institutions or organizations in Nueva Esperanza include: two places of worship (one Catholic church and one Evangelical church); a Club de Madres (Mother's organization common throughout Bolivia); a sports club (men play soccer frequently in the afternoons and play in tournaments against teams from neighboring towns in Brazil); an Organizacion Territorial de Base, which includes the Comité de Vigilancia, and monitors local governmental actions. Most recently, residents of Nueva Esperanza have taken advantage of the new forestry law to form the Asociación Social del Lugar (ASL), which is a type of cooperative designed to give communities a chance to develop both logging and extractive activities within local forests. The ASL, like lumber companies, can submit a forestry management plan to the Superintendencia Forestal and then engage in these activities with the intent to generate employment and income. In Arca de Israel, the church is the major civil institution.

Leadership of the communities seems to stem principally from the civil institutions or the governmental organizations. In Nueva Esperanza, there have been leadership changes over the years, but there are a recognized group of senior men who exert influence over community decisions. Women, however, are also active in civic and political institutions and freely articulate their opinions. Women are key actors, it appears, in the ASL. In Arca de Israel, leadership stems from the church, which is closely integrated with the governing and political structures.

Both communities are linked to regional and national urban centers principally through radio telephones. The roads in the region are of poor quality and most rely on the Brazilian road and transportation system to go anywhere. A few people in Nueva Esperanza own vehicles (motorcycles, motor boats), and the community of Arca de Israel owns a truck and several motor boats.

DISCUSSION AND ANALYSIS

It is clear that the communities of the region present substantive opportunities for effective collaboration on the conservation and long term stewardship of the proposed wildlife refuge, but also present obstacles. The greatest advantage in both communities is their professed desire to participate in conservation and to manage the lands that pertain to them in a manner compatible with long-term stewardship of the land. In all cases, people expressed a great interest in learning more about the biological diversity of the region. The existence of the ASL in Nueva Esperanza is a hopeful sign of a potential partner for conservation work. In general, it seems as if the community of Nueva Esperanza is moving toward a more active, organized mode of resource management and community decision-making. Having transformed the mining cooperative into a real settlement and having obtained the status of provincial capital, residents are committed to maintaining their foothold in the region. In Arca de Israel, the strong communal organization should also facilitate good partnership.

In both communities there is a strong desire to achieve a better quality of life (although the exact indices of what this entails need to be investigated more thoroughly), and toward this end, both communities are embarking on various strategies to augment income, find productive economic alternatives (particularly to gold mining), and establish good rules of governance and decision-making processes for their respective settlements. Both communities have very specific plans for the near future. People in Nueva Esperanza, through the ASL, intend to consult with forestry experts to develop their management plan and to re-vitalize the Brazil-nut processing plant, as well as find other non-timber uses for the forest and begin small-scale extractive activities. In Arca de Israel, it appears that the main economic vehicle will remain intensive rice production for the near future.

The principal obstacles to developing good partnerships based on conservation action revolve around: (1) the lack of local capacity to access technical knowledge for sound resource management; (2) the lack of knowledge about the sustainable use of the ecosystem (especially the residents of Arca de Israel who are from the highlands and seem to have virtually no knowledge of the lowland tropical environment—less so for those in Nueva Esperanza who are largely from the Beni); and, most significantly, (3) distrust of external governmental (and possibly non-governmental) agencies or institutions.

A major threat to the anticipated conservation efforts potentially are the intention of the residents of Arca de Israel to expand (i.e., to colonize more land along the Madera River), through promotion of expanded migration to the region by families and friends still in the highlands. Another threat stems from potential logging activity in the region, which, if it does not strictly follow the Forestry Law, has not only the potential of degrading the ecosystem but also of establishing precedents for intensive resource exploitation that residents in the region will be hard put not to follow. A final threat is the persistence of gold mining activity in the region and the continued desire on the part of some residents to "strike it rich" through discovery of yet another vein of gold.

Potential targets for conservation that involve human interaction with the natural landscape include:

1) Brazil-nut extraction activities, which if managed properly could be a source of income that remains a low-impact use of the natural resources;

2) Maintenance of small-scale horticultural gardens for subsistence (such as those in Nueva Esperanza)— plots of between 1–3 hectares that contain diversified crops, and are left for long periods of fallow after initial use;

3) Extraction of non-timber forest products such as the fruit of the asaí palm (*Euterpe*), other palm fruits, and medicinal herbs;

4) Better managed care of small livestock (chickens, goats, sheep) for consumption;

5) Fishing for subsistence purposes.

In Nueva Esperanza, the following social characteristics are potential assets or strengths that can become the building blocks for a strong participatory or collaborative development of stewardship of the protected areas and the areas of the buffer zones in which the communities are located:

1) Existence of the Asociación Social del Lugar (ASL) which can be the main partner at the local level to develop resource management plans, and to find people willing to work in inventory, monitoring or other conservation related actions;

2) Existence of effective community leadership as manifest in the local organizations (OTB and Comite de Vigilancia) and those in municipal government (i.e., the *Consejales*);

3) Active participation of women in the decision-making structures at both the household and community levels;

4) Interest of the schoolteachers and of various parents of school-age children in access to more materials and curriculum related to environmental education;

5) Avid interest of community members in the scientific work of the rapid biological inventory and their desire to be informed of the results.

In Arca de Israel, we found the following social characteristics to be assets:

1) A communal lifestyle with respect to the division of labor and resources, which is an indicator of a high degree of social organization;

2) The community is newly established and its members appear to be open to ways to use the land in a manner compatible with conservation;

3) Lack of any desire to engage in gold mining;

4) Existence of handcrafts (weaving technologies, for example, which continue traditions from the highland areas) that can be a source of small-scale income, but also act to preserve community identity and distinction as well as acting as a manifestation of people's creativity.

Our recommendations for follow-up work with the communities include the following:

1) Discuss results of the rapid biological inventory with both communities immediately, perhaps through assemblies or town meetings and invite commentary on the forms of participation for the processes involved in granting permanent protected area status and implementing a conservation design process;

2) Insure that the land-titling process now under way with INRA (Instituto Nacional de Reforma Agraria) guarantees a measure of security and stability to local populations while not leaving the door open to uncontrolled or rapid colonization through increased migration;

3) Quickly provide technical advice to the ASL in Nueva Esperanza and the communal leaders in Arca de Israel on development of land use strategies and plans that are oriented toward low-impact use;

4) Conduct more intensive participatory asset mapping to elicit community strategies, visions, and capacities for sustainable but high-grade quality of life.

ADDENDUM—The Community of Araras (Brazil)

While we did not conduct extensive interviews and observations in Araras (Rondônia), we did attempt to understand the relationships of its residents to the Área de Inmovilización and its environs on the other side of the Madera River. It is interesting to note that no one in Araras seems to own a boat or motor to cross the river, so that visits to the Bolivian side are not a regular part of the life of the residents here. However, there are close ties of commerce and in some instance friendship as well as indications of resource sharing between Araras residents and those in Nueva Esperanza.
Like their Bolivian counterparts, the bulk of residents in Araras seem to have been attracted to the region during the gold rush. Many come from other parts of the Brazilian Amazon. Currently, the major occupations are gold mining (small scale), commerce (there are stores, restaurants, a gas station, a mechanic shop, and other small businesses), and day labor on neighboring cattle ranches. There is a school, but the health clinic was recently closed and people must go to the next town on the road to get medical attention. There are four churches (one Catholic, three Evangelical).

We recommend further studies of economic activities in Araras and adjacent communities to verify the extent of their involvement in Bolivia. Programs of environmental education may be an effective way to reach people here towards participation in the steward-ship of the buffer zone around the protected area.

Apéndices / Appendices

Vascular plant species observed at three sites in and near the Área de Inmovilización Federico Román, Pando, Bolivia, from 13–25 July, 2002 by Robin B. Foster, William S. Alverson, Janira Urrelo, Julio Rojas, Daniel Ayaviri, and Antonio Sota. Updated information will be posted at www.fmnh.org/rbi.

PLANTAS/PLANTS

Familia/Family	Género/Genus	Especie/Species	Autor/Author
Acanthaceae	Justicia	2 spp.	–
Acanthaceae	Pachystachys	sp.	–
Acanthaceae	Pulchranthus	adenostachys	(Lindau) V.M. Baum, Reveal & Nowicke
Acanthaceae	Ruellia	brevifolia	(Pohl.) C. Ezcurra
Acanthaceae	Ruellia	thyrsostachya	Lindau
Acanthaceae	Ruellia	2 spp.	–
Acanthaceae	Sanchezia	sp.	–
Acanthaceae	Unknown	sp.	–
Amaranthaceae	Cyathula	sp.	–
Amaranthaceae	Unknown	sp.	–
Anacardiaceae	Anacardium	occidentale	L.
Anacardiaceae	Astronium	graveolens	Jacq.
Anacardiaceae	Astronium	sp.	–
Anacardiaceae	Mangifera	indica	L.
Anacardiaceae	Spondias	mombin	L.
Anacardiaceae	Tapirira	guianensis	Aubl.
Annonaceae	Anaxagorea	sp.	–
Annonaceae	Cymbopetalum	sp.	–
Annonaceae	Duegetia	3 spp.	–
Annonaceae	Guatteria	2 spp.	–
Annonaceae	Malmea	sp.	–
Annonaceae	Oxandra	xylopioides	Diels
Annonaceae	Rollinia	sp.	–
Annonaceae	Unonopsis cf.	sp.	–
Annonaceae	Xylopia	sericea	A. St.-Hil.
Annonaceae	Xylopia	sp.	–
Annonaceae	Unknown	3 spp.	–
Apocynaceae	Aspidosperma	3 spp.	–
Apocynaceae	Couma	macrocarpa	Barb. Rodr.
Apocynaceae	Himantanthus	sucuuba	(Spruce ex Müll. Arg.) Woodson
Apocynaceae	Tabernaemontana	4 spp.	–
Apocynaceae	Unknown	2 spp.	–
Araceae	Anthurium	gracile	(Rudge) Schott
Araceae	Anthurium	2 spp.	–
Araceae	Dieffenbachia	sp.	–
Araceae	Heteropsis	sp.	–
Araceae	Monstera	obliqua	Miq.
Araceae	Monstera	sp.	–
Araceae	Philodendron	ernestii	Engl.
Araceae	Philodendron	5 spp.	–
Araceae	Spathiphyllum	sp.	–
Araceae	Syngonium	2 spp.	–

Especies de plantas vasculares registradas en tres sitios del Área de Inmovilización Federico Román, y alrededores en el departamento de Pando, Bolivia, del 13 al 25 de julio 2002 por Robin B. Foster, William S. Alverson, Janira Urrelo, Julio Rojas, Daniel Ayaviri, y Antonio Sota. La información presentada aquí se irá actualizando periódicamente y estará disponible en la página Web en www.fmnh.org/rbi.

PLANTAS/PLANTS

Familia/Family	Género/Genus	Especie/Species	Autor/Author
Araliaceae	*Schefflera*	*morototoni*	(Aubl.) Maguire, Steyerm. & Frodin
Arecaceae	*Astrocaryum*	*acaule*	Mart.
Arecaceae	*Astrocaryum*	*aculeatum*	G. Mey.
Arecaceae	*Astrocaryum*	*gynacanthum*	Mart.
Arecaceae	*Astrocaryum*	*murumuru*	Mart.
Arecaceae	*Attalea*	*phalerata*	Mart. ex Spreng.
Arecaceae	*Attalea*	*speciosa*	Mart.
Arecaceae	*Bactris*	*concinna*	Mart.
Arecaceae	*Bactris*	*hirta*	Mart.
Arecaceae	*Bactris*	*simplicifrons*	Mart.
Arecaceae	*Bactris*	7 spp.	–
Arecaceae	*Chelyocarpus*	*chuco*	(Mart.) H.E. Moore
Arecaceae	*Desmoncus*	2 spp.	–
Arecaceae	*Euterpe*	*precatoria*	Mart.
Arecaceae	*Geonoma*	*deversa*	(Poit.) Kunth
Arecaceae	*Geonoma*	*macrostachys*	Mart.
Arecaceae	*Geonoma*	2 spp.	–
Arecaceae	*Iriartea*	*deltoidea*	Ruiz & Pav.
Arecaceae	*Mauritia*	*flexuosa*	L.f.
Arecaceae	*Mauritiella*	*armata*	(Mart.) Burret
Arecaceae	*Oenocarpus*	*bataua*	Mart.
Arecaceae	*Oenocarpus*	*mapora*	Karst.
Arecaceae	*Socratea*	*exorrhiza*	(Mart.) H. Wendl.
Arecaceae	*Syagrus*	*sancona*	H. Karst.
Asclepiadaceae	Unknown	2 spp.	–
Asteraceae	*Ageratina*	sp.	–
Asteraceae	*Bidens*	sp.	–
Asteraceae	*Mikania*	*micrantha*	Kunth
Asteraceae	*Mikania*	sp.	–
Asteraceae	*Vernonia*	sp.	–
Asteraceae	Unknown	4 spp.	–
Bignoniaceae	*Jacaranda*	*copaia*	(Aubl.) D. Don
Bignoniaceae	*Jacaranda*	*glabra*	(A. DC.) Bureau & K. Schum.
Bignoniaceae	*Jacaranda*	*obtusifolia*	Bonpl.
Bignoniaceae	*Jacaranda*	sp.	–
Bignoniaceae	*Macfadeyana*	sp.	–
Bignoniaceae	*Memora*	sp.	–
Bignoniaceae	*Pyrostegia*	sp.	–
Bignoniaceae	*Tabebuia*	2 spp.	–
Bignoniaceae	Unknown	6 spp.	–
Bixaceae	*Bixa*	*platycarpa* cf.	Ruiz & Pav. ex G. Don
Bombacaeae	*Ceiba*	*pentandra*	(L.) Gaertn.
Bombacaeae	*Huberodendron*	*swieteniodes*	(Gleason) Ducke

Familia/Family	Género/Genus	Especie/Species	Autor/Author
PLANTAS/PLANTS			
Bombacaeae	*Matisia*	*ochrocalyx* cf.	K. Schum.
Bombacaeae	*Ochroma*	*pyramidale*	(Cav. ex Lam.) Urb.
Bombacaeae	*Pachira*	*aquatica*	Aubl.
Bombacaeae	*Pachira*	sp.	–
Bombacaeae	*Quararibea*	*amazonica*	Ulbr.
Bombacaeae	*Quararibea*	*wittii*	K. Schum. & Ulbr.
Boraginaceae	*Cordia*	*alliodora*	(Ruiz & Pav.) Oken
Boraginaceae	*Cordia*	*nodosa*	Lam.
Boraginaceae	*Cordia*	3 spp.	–
Boraginaceae	*Tournefortia*	sp.	–
Bromeliaceae	*Aechmea*	sp.	–
Bromeliaceae	*Tillandsia*	sp.	–
Burseraceae	*Crepidospermum*	*rhoifolium*	Triana & Planch.
Burseraceae	*Protium*	*amazonicum*	(Cuatrec.) Daly
Burseraceae	*Protium*	*aracouchini* cf.	(Aubl.) Marchand
Burseraceae	*Protium*	*nodulosum*	Swart
Burseraceae	*Protium*	*sagotianum*	Marchand
Burseraceae	*Protium*	5 spp.	–
Burseraceae	*Tetragastris*	*altissima*	(Aubl.) Swart
Burseraceae	*Tetragastris*	*panamensis*	(Engl.) Kuntze
Burseraceae	*Trattinnickia*	sp.	–
Cactaceae	*Epiphyllum*	*phyllanthus*	(L.) Haw
Cactaceae	*Rhipsalis*	sp.	–
Capparidaceae	*Capparis*	*sola*	J.F. Macbride
Capparidaceae	*Capparis*	2 spp.	–
Caricaceae	*Carica*	*microcarpa*	Jacq.
Caricaceae	*Jacaratia*	*digitata*	(Poepp.& Endl.) Solms
Caricaceae	*Jacaratia*	sp.	–
Caryocaraceae	*Caryocar*	*brasiliense*	Cambess.
Caryocaraceae	*Caryocar*	sp.	–
Cecropiaceae	*Cecropia*	*engleriana* cf.	Snethl.
Cecropiaceae	*Cecropia*	*ficifolia*	Warb. ex Snethl.
Cecropiaceae	*Cecropia*	*latiloba*	Miq.
Cecropiaceae	*Cecropia*	*membranacea*	Trécul
Cecropiaceae	*Cecropia*	*polystachya*	Trécul
Cecropiaceae	*Cecropia*	*sciadophylla*	Mart.
Cecropiaceae	*Coussapoa*	*trinervia*	Spruce ex Mildbr.
Cecropiaceae	*Pourouma*	*cecropiifolia*	Mart.
Cecropiaceae	*Pourouma*	*minor*	Benoist
Cecropiaceae	*Pourouma*	3 spp.	–
Celastraceae	*Goupia*	*glabra*	Aubl.
Chrysobalanaceae	*Couepia*	2 spp.	–
Chrysobalanaceae	*Hirtella*	*racemosa*	Lam.
Chrysobalanaceae	*Hirtella*	*triandra*	Swartz
Chrysobalanaceae	*Hirtella*	5 spp.	–

PLANTAS/PLANTS			
Familia/Family	**Género/Genus**	**Especie/Species**	**Autor/Author**
Chrysobalanaceae	*Licania*	*britteniana*	Fritsch
Chrysobalanaceae	*Licania*	4 spp.	–
Chrysobalanaceae	*Parinari*	sp.	–
Chrysobalanaceae	Unknown	2 spp.	–
Clusiaceae	*Calophyllum*	*brasiliense*	Cambess.
Clusiaceae	*Caraipa*	sp.	–
Clusiaceae	*Clusia*	3 spp.	–
Clusiaceae	*Garcinia*	*macrophylla*	T. Anderson ex Hook.f.
Clusiaceae	*Garcinia*	*madruno*	(Kunth) Hammel
Clusiaceae	*Garcinia*	sp.	–
Clusiaceae	*Symphonia*	*globulifera*	L.f.
Clusiaceae	*Tovomita*	*stylosa*	Hemsl.
Clusiaceae	*Vismia*	*macrophylla*	Kunth
Clusiaceae	*Vismia*	5 spp.	–
Cochlospermum	*Cochlospermum*	*orinocense*	(Kunth) Steud.
Cochlospermum	*Cochlospermum*	*vitifolium*	(Willd.) Spreng.
Combretaceae	*Buchenavia*	*parvifolia* cf.	Ducke
Combretaceae	*Buchenavia*	2 spp.	–
Combretaceae	*Combretum*	2 spp.	–
Commelinaceae	*Dichorisandra*	sp.	–
Commelinaceae	Unknown	sp.	–
Connaraceae	*Connarus*	sp.	–
Convolvulaceae	*Ipomoea*	2 spp.	–
Costaceae	*Costus*	*scaber*	Ruiz & Pav.
Costaceae	*Costus*	sp.	–
Cucurbitaceae	*Gurania*	*lobata*	(L.) Pruski
Cucurbitaceae	*Sicydium*	sp.	–
Cucurbitaceae	Unknown	sp.	–
Cycadaceae	*Zamia*	sp.	–
Cyclanthaceae	*Cyclanthus*	*bipartitus*	Poit. ex A. Rich.
Cyclanthaceae	*Thoracocarpus*	*bissectus*	(Vell.) Harling
Cyperaceae	*Carex*	sp.	–
Cyperaceae	*Cyperus*	sp.	–
Cyperaceae	*Diplasia*	*karatifolia*	Rich.
Cyperaceae	*Scleria*	*secans*	(L.) Urb.
Cyperaceae	*Scleria*	sp.	–
Cyperaceae	Unknown	2 spp.	–
Dichapetalaceae	*Dichapetalum*	sp.	–
Dichapetalaceae	*Tapura*	*amazonica*	Poepp.
Dilleniaceae	*Davilla*	sp.	–
Dioscoreaceae	*Dioscorea*	2 spp.	–
Ebenaceae	*Diospyros*	2 spp.	–
Elaeocarpaceae	*Sloanea*	*guianensis*	(Aubl.) Benth.
Elaeocarpaceae	*Sloanea*	sp.	–

PLANTAS/PLANTS			
Familia/Family	**Género/Genus**	**Especie/Species**	**Autor/Author**
Eriocaulaceae	*Syngonanthus*	*longipes*	Gleason
Erythroxylaceae	*Erythoxylum*	3 spp.	–
Euphorbiaceae	*Acalypha*	*diversifolia*	Jacq.
Euphorbiaceae	*Acalypha*	*macrostachya*	Jacq.
Euphorbiaceae	*Acalypha*	sp.	–
Euphorbiaceae	*Alchornea*	*castaneifolia*	(Humb. & Bonpl. ex Willd.) A. Juss.
Euphorbiaceae	*Alchornea*	*triplinervia*	(Spreng.) Müll. Arg.
Euphorbiaceae	*Alchornea*	sp.	–
Euphorbiaceae	*Aparisthmium*	sp.	–
Euphorbiaceae	*Conceveiba*	sp.	–
Euphorbiaceae	*Croton*	*matourensis*	Aubl.
Euphorbiaceae	*Croton*	sp.	–
Euphorbiaceae	*Dalechampia*	sp.	–
Euphorbiaceae	*Drypetes*	*gentryi*	Monach.
Euphorbiaceae	*Hevea*	*guianensis*	Aubl.
Euphorbiaceae	*Hura*	*crepitans*	L.
Euphorbiaceae	*Hyeronima*	*alchorneoides*	Allemao
Euphorbiaceae	*Jatropha*	sp.	–
Euphorbiaceae	*Mabea*	*occidentalis*	Benth.
Euphorbiaceae	*Mabea*	2 spp.	–
Euphorbiaceae	*Manihot*	sp.	–
Euphorbiaceae	*Maprounea*	*guianensis*	Aubl.
Euphorbiaceae	*Margaritaria*	*nobilis*	L.f.
Euphorbiaceae	*Omphalea*	*diandra*	L.
Euphorbiaceae	*Ricinus*	*communis*	L.
Euphorbiaceae	*Sagotia*	*racemosa*	Baill.
Euphorbiaceae	*Sapium*	*marmieri*	Huber
Euphorbiaceae	*Sapium*	sp.	–
Euphorbiaceae	*Senafeldera*	sp.	–
Euphorbiaceae	Unknown	sp.	–
Fabaceae	*Acacia*	*loretensis*	J.F. Macbr.
Fabaceae	*Acacia*	sp.	–
Fabaceae	*Amburana*	*cearensis*	(Allemao) A.C. Sm.
Fabaceae	*Andira*	*inermis*	(W. Wright) Kunth ex DC.
Fabaceae	*Bauhinia*	*guianensis*	Aubl.
Fabaceae	*Bauhinia*	2 spp.	–
Fabaceae	*Campsiandra*	sp.	–
Fabaceae	*Canavalia*	sp.	–
Fabaceae	*Cedrelinga*	*catenaeformis*	Ducke
Fabaceae	*Clitoria*	sp.	–
Fabaceae	*Copaifera*	*officinalis* cf.	(Jacq.) L.
Fabaceae	*Dalbergia*	sp.	–
Fabaceae	*Desmodium*	sp.	–

PLANTAS/PLANTS			
Familia/Family	**Género/Genus**	**Especie/Species**	**Autor/Author**
Fabaceae	*Dialium*	*guianense*	(Aubl.) Sandwith
Fabaceae	*Dioclea*	sp.	–
Fabaceae	*Dipteryx*	*micrantha*	Harms
Fabaceae	*Dipteryx*	sp.	–
Fabaceae	*Dussia*	sp.	–
Fabaceae	*Entada*	*polystachya*	(L.) DC.
Fabaceae	*Enterolobium*	*barnebianum* cf.	Mesquita & M.F. Silva
Fabaceae	*Enterolobium*	*schomburgkii*	(Benth.) Benth.
Fabaceae	*Erythrina*	*fusca*	Lour.
Fabaceae	*Erythrina*	sp.	–
Fabaceae	*Hymenaea*	*courbaril*	L.
Fabaceae	*Hymenaea*	*parvifolia*	Huber
Fabaceae	*Inga*	*capitata*	Desv.
Fabaceae	*Inga*	*heterophylla*	Willd.
Fabaceae	*Inga*	*marginata*	Willd.
Fabaceae	*Inga*	*nobilis*	Willd.
Fabaceae	*Inga*	*oerstediana*	Benth.
Fabaceae	*Inga*	*thibaudiana*	DC.
Fabaceae	*Inga*	11 spp.	–
Fabaceae	*Lonchocarpus*	sp.	–
Fabaceae	*Machaerium*	*cuspidatum*	Kuhlm. & Hoehne
Fabaceae	*Machaerium*	*kegelli*	Meisn.
Fabaceae	*Machaerium*	*macrophyllum* cf.	Benth.
Fabaceae	*Machaerium*	4 spp.	–
Fabaceae	*Macrolobium*	2 spp.	–
Fabaceae	*Marmaroxylon*	sp.	–
Fabaceae	*Mimosa*	*pigra*	L.
Fabaceae	*Ormosia*	2 spp.	–
Fabaceae	*Parkia*	*igneiflora* cf.	Ducke
Fabaceae	*Parkia*	*multijuga*	Benth.
Fabaceae	*Parkia*	*pendula*	(Willd.) Benth. ex Walp.
Fabaceae	*Peltogyne*	*heterophylla*	M.F. Silva
Fabaceae	*Peltogyne*	*venosa*	Benth.
Fabaceae	*Peltogyne*	sp.	–
Fabaceae	*Piptadenia*	3 spp.	–
Fabaceae	*Platymiscium*	sp.	–
Fabaceae	*Poeppigia*	*procera*	C. Presl
Fabaceae	*Schizolobium*	*parahyba*	(Vell.) S.F. Blake
Fabaceae	*Senna*	*multijuga*	(Rich.) H.S. Irwin & Barneby
Fabaceae	*Senna*	*silvestris*	(Vell.) H.S. Irwin & Barneby
Fabaceae	*Stryphnodendron*	sp.	–
Fabaceae	*Swartzia*	*arborescens*	(Aubl.) Pittier

PLANTAS / PLANTS			
Familia/Family	**Género/Genus**	**Especie/Species**	**Autor/Author**
Fabaceae	*Swartzia*	sp.	–
Fabaceae	*Tachigali*	*formicarum*	Harms
Fabaceae	*Tachigali*	*vasquezii*	Pipoly
Fabaceae	*Tachigali*	8 spp.	–
Fabaceae	*Vataireopsis*	sp.	–
Fabaceae	*Zygia*	3 spp.	–
Fabaceae	Unknown	12 spp.	–
Flacourtiaceae	*Banara*	*guianensis*	Aubl.
Flacourtiaceae	*Casearia*	*javitensis*	Kunth
Flacourtiaceae	*Casearia*	4 spp.	–
Flacourtiaceae	*Laetia*	*procera*	(Poepp.) Eichler
Flacourtiaceae	*Lindackeria*	*paludosa*	(Benth.) Gilg
Flacourtiaceae	*Ryania*	sp.	–
Flacourtiaceae	*Xylosma*	sp.	–
Gentianaceae	*Potalia*	*resinifera*	Mart.
Gesneriaceae	*Codonanthe*	sp.	–
Gesneriaceae	*Drymonia*	sp.	–
Gesneriaceae	*Episcia*	2 spp.	–
Gnetaceae	*Gnetum*	sp.	–
Heliconiaceae	*Heliconia*	*densiflora*	B. Verl.
Heliconiaceae	*Heliconia*	*episcopalis*	Vell.
Heliconiaceae	*Heliconia*	*psittacorum*	L.f.
Heliconiaceae	*Heliconia*	*spathocircinata*	Aristeg.
Heliconiaceae	*Heliconia*	*stricta*	Huber
Heliconiaceae	*Heliconia*	3 spp.	–
Hernandiaceae	*Sparattanthelium*	sp.	–
Hippocrateaceae	*Chelioclinium*	sp.	–
Hippocrateaceae	*Prionostemma*	*aspera*	(Lam.) Miers
Hippocrateaceae	*Salacia*	2 spp.	–
Hippocrateaceae	Unknown	sp.	–
Humiriaceae	*Humiria*	*balsamifera*	Aubl.
Humiriaceae	*Sacoglottis*	sp.	–
Icacinaceae	*Discophora*	*guianensis*	Miers
Lacistemataceae	*Lacistema* cf.	sp.	–
Lamiaceae	Unknown	sp.	–
Lauraceae	*Licaria*	sp.	–
Lauraceae	*Ocotea*	*javitensis*	(Kunth) Pittier
Lauraceae	*Pleurothyrium*	sp.	–
Lauraceae	Unknown	4 spp.	–
Lecythidaceae	*Bertholletia*	*excelsa*	Bonpl.
Lecythidaceae	*Cariniana*	*micrantha*	Ducke
Lecythidaceae	*Cariniana*	sp.	–
Lecythidaceae	*Couratari*	*guianensis*	Aubl.
Lecythidaceae	*Couratari*	*macrosperma*	A.C. Sm.
Lecythidaceae	*Couratari*	*multiflora* s.l.	(Sm.) Eyma

PLANTAS/PLANTS			
Familia/Family	**Género/Genus**	**Especie/Species**	**Autor/Author**
Lecythidaceae	*Eschweilera*	2 spp.	–
Lecythidaceae	*Gustavia*	sp.	–
Linaceae	*Roucheria*	sp.	–
Loasaceae	Unknown	sp.	–
Loganiaceae	*Strychnos*	4 spp.	–
Loranthaceae	*Psittacanthus* cf.	sp.	–
Malpighiaceae	*Banisteriopsis*	sp.	–
Malpighiaceae	*Brysonima*	*spicata*	(Cav.) DC.
Malpighiaceae	*Brysonima*	sp.	–
Malpighiaceae	*Hiraea*	*grandifolia*	Standl. & L.O. Williams
Malpighiaceae	*Hiraea*	*reclinata*	Jacq.
Malpighiaceae	*Hiraea*	sp.	–
Malpighiaceae	*Stigmaphyllon*	sp.	–
Malpighiaceae	Unknown	3 spp.	–
Malvaceae	*Gossypium*	*barbadense*	L.
Malvaceae	*Pavonia*	sp.	–
Malvaceae	*Sida*	3 spp.	–
Malvaceae	*Urena*	*lobata*	L.
Malvaceae	*Wissadula*	sp.	–
Malvaceae	Unknown	2 spp.	–
Marantaceae	*Calathea*	*capitata*	(Ruiz & Pav.) Lindl.
Marantaceae	*Calathea*	*micans*	(L. Mathieu) Körn.
Marantaceae	*Calathea*	3 spp.	–
Marantaceae	*Ischnosiphon*	4 spp.	–
Marantaceae	*Monotagma*	2 spp.	–
Marcgraviaceae	*Marcgravia*	sp.	–
Melastomataceae	*Bellucia*	*pentamera*	Naudin
Melastomataceae	*Henriettella*	sp.	–
Melastomataceae	*Leandra*	sp.	–
Melastomataceae	*Loreya*	2 spp.	–
Melastomataceae	*Macairea*	sp.	–
Melastomataceae	*Miconia*	*grandifolia*	Ule
Melastomataceae	*Miconia*	*nervosa*	(Sm.) Triana
Melastomataceae	*Miconia*	*trinervia*	(Sw.) D. Don ex Loudon
Melastomataceae	*Miconia*	11 spp.	–
Melastomataceae	*Mouriri*	*myrtilloides*	(Sw.) Poir.
Melastomataceae	*Mouriri*	2 spp.	–
Melastomataceae	*Salpinga*	sp.	–
Melastomataceae	*Tibouchina*	*longifolia*	(Vahl) Baill.
Melastomataceae	*Tococa*	*guianensis*	Aubl.
Melastomataceae	*Tococa*	3 spp.	–
Meliaceae	*Guarea*	*gomma*	Pulle
Meliaceae	*Guarea*	4 spp.	–

PLANTAS / PLANTS			
Familia/Family	**Género/Genus**	**Especie/Species**	**Autor/Author**
Meliaceae	*Trichilia*	*pallida*	Sw.
Meliaceae	*Trichilia*	*poeppigiana*	C. DC.
Meliaceae	*Trichilia*	*quadrijuga*	Kunth
Meliaceae	*Trichilia*	*rubra*	C. DC.
Meliaceae	*Trichilia*	*septentrionalis*	C. DC.
Meliaceae	*Trichilia*	3 spp.	–
Menispermaceae	*Abuta*	*grandifolia*	(Mart.) Sandwith
Menispermaceae	*Abuta*	*pahnii* cf.	(Mart.) Krukoff & Barneby
Menispermaceae	*Cissampelos*	sp.	–
Menispermaceae	*Curarea*	sp.	–
Menispermaceae	*Odontocarya*	sp.	–
Menispermaceae	*Telitoxicum*	sp.	–
Menispermaceae	Unknown	2 spp.	–
Monimiaceae	*Mollinedia*	*killipii*	J.F. Macbr.
Monimiaceae	*Mollinedia*	sp.	–
Monimiaceae	*Siparuna*	*decipiens*	(Tul.) A. DC.
Monimiaceae	*Siparuna*	*guianensis*	Aubl.
Moraceae	*Brosimum*	*guianense*	(Aubl.) Huber
Moraceae	*Brosimum*	*lactescens*	(S. Moore) C.C. Berg
Moraceae	*Brosimum*	*potabile*	Ducke
Moraceae	*Brosimum*	*utile*	(Kunth) Pittier
Moraceae	*Castillea*	*ulei*	Warb.
Moraceae	*Clarisia*	*biflora*	Ruiz & Pav.
Moraceae	*Clarisia*	*racemosa*	Ruiz & Pav.
Moraceae	*Ficus*	*boliviana*	C.C. Berg
Moraceae	*Ficus*	*caballina*	Standl.
Moraceae	*Ficus*	*insipida*	Willd.
Moraceae	*Ficus*	*maxima*	Mill.
Moraceae	*Ficus*	*nymphaeifolia*	Mill.
Moraceae	*Ficus*	*panamensis*	Standl.
Moraceae	*Ficus*	*perforata*	L.
Moraceae	*Ficus*	*popenoei*	Standl.
Moraceae	*Ficus*	*schultesii*	Dugand
Moraceae	*Ficus*	*ypsilophlebia*	Dugand
Moraceae	*Ficus*	5 spp.	–
Moraceae	*Helicostylis*	*tomentosa* cf.	(Poepp. & Endl.) Rusby
Moraceae	*Maquira*	*coriacea*	(H. Karst.) C.C. Berg
Moraceae	*Naucleopsis*	*ulei*	(Warb.) Ducke
Moraceae	*Naucleopsis*	4 spp.	–
Moraceae	*Perebea*	*guianensis*	Aubl.
Moraceae	*Poulsenia*	sp.	–
Moraceae	*Pseudolmedia*	*laevigata*	Trécul

PLANTAS/PLANTS			
Familia/Family	**Género/Genus**	**Especie/Species**	**Autor/Author**
Moraceae	*Pseudolmedia*	*laevis*	(Ruiz & Pav.) J.F. Macbr.
Moraceae	*Pseudolmedia*	*macrophylla*	Trécul
Moraceae	*Sorocea*	*guilleminiana*	Gaudich.
Moraceae	*Sorocea*	*muriculata*	Miq.
Moraceae	*Sorocea*	*steinbachii*	C.C. Berg
Moraceae	*Sorocea*	sp.	–
Muntingiaceae	*Muntingia*	*calabura*	L.
Musaceae	*Musa*	sp.	–
Myristicaceae	*Compsoneura*	2 spp.	–
Myristicaceae	*Iryanthera*	*juruensis* cf.	Warb.
Myristicaceae	*Osteophloeum*	*platyspermum*	Warb.
Myristicaceae	*Virola*	*elongata* cf.	(Benth.) Warb.
Myristicaceae	*Virola*	*flexuosa*	A.C. Sm.
Myristicaceae	*Virola*	*mollissima*	(Poepp. ex A. DC.) Warb.
Myristicaceae	*Virola*	*sebifera*	Aubl.
Myristicaceae	*Virola*	*surinamensis*	(Rol. ex Rottb.) Warb.
Myristicaceae	*Virola*	3 spp.	–
Myrsinaceae	*Stylogyne*	sp.	–
Myrsinaceae	Unknown	sp.	–
Myrtaceae	*Calyptranthes*	*bipennis*	O. Berg
Myrtaceae	*Calyptranthes*	sp.	–
Myrtaceae	*Eugenia*	3 spp.	–
Myrtaceae	*Psidium*	*acutangulum*	DC.
Myrtaceae	*Psidium*	*guajava*	L.
Myrtaceae	*Psidium*	sp.	–
Myrtaceae	Unknown	8 spp.	–
Nyctaginaceae	*Neea*	4 spp.	–
Ochnaceae	*Ouratea*	2 spp.	–
Olacaceae	*Chaunochiton*	sp.	–
Olacaceae	*Dulacia*	*candida*	(Poepp.) Kuntze
Olacaceae	*Heisteria*	sp.	–
Olacaceae	*Minquartia*	*guianensis*	Aubl.
Orchidaceae	*Ornithocephalis*	sp.	–
Orchidaceae	*Scaphyglottis*	sp.	–
Orchidaceae	*Vanilla*	sp.	–
Passifloraceae	*Dilkea*	sp.	–
Passifloraceae	*Passiflora*	*candollei* cf.	Triana & Planch.
Passifloraceae	*Passiflora*	*coccinea*	Aubl.
Passifloraceae	*Passiflora*	3 spp.	–
Picramniaceae	*Picramnia*	*latifolia*	Tul.
Piperaceae	*Peperomia*	sp.	–
Piperaceae	*Piper*	*arboreum*	Aubl.
Piperaceae	*Piper*	*callosum*	Ruiz & Pav.
Piperaceae	*Piper*	*obliquum*	Ruiz & Pav.

PLANTAS/PLANTS

Familia/Family	Género/Genus	Especie/Species	Autor/Author
Piperaceae	*Piper*	*peltatum*	L.
Piperaceae	*Piper*	6 spp.	–
Poaceae	*Andropogon*	sp.	–
Poaceae	*Guadua*	sp.	–
Poaceae	*Gynerium*	*sagittatum*	(Aubl.) P. Beauv.
Poaceae	*Lasiacis*	sp.	–
Poaceae	*Olyra*	sp.	–
Poaceae	*Orthoclada*	*laxa*	(Rich.) P. Beauv.
Poaceae	*Pariana*	sp.	–
Poaceae	*Pharus*	sp.	–
Poaceae	*Streptogyne*	sp.	–
Poaceae	Unknown	sp.	–
Polygalaceae	*Bredemeyera*	sp.	–
Polygalaceae	*Moutabea*	2 spp.	–
Polygalaceae	*Securidaca*	2 spp.	–
Polygonaceae	*Coccoloba*	*mollis*	Casar.
Polygonaceae	*Coccoloba*	sp.	–
Polygonaceae	*Triplaris*	sp.	–
Proteaceae	*Roupala*	*montana*	Aubl.
Quiinaceae	*Laplacea*	*quinoderma*	Wedd.
Quiinaceae	*Laplacea*	sp.	–
Quiinaceae	*Quiina*	sp.	–
Rhamnaceae	*Colubrina*	*glandulosa*	Perkins
Rhamnaceae	*Gouania*	sp.	–
Rosaceae	*Prunus*	sp.	–
Rubiaceae	*Alibertia*	sp.	–
Rubiaceae	*Alseis*	sp.	–
Rubiaceae	*Amaioua*	*corymbosa*	Kunth
Rubiaceae	*Bertiera*	*guianensis*	Aubl.
Rubiaceae	*Calicophyllum*	*megistocaulum*	(Krause) C.M. Taylor
Rubiaceae	*Capirona*	*decorticans*	Spruce
Rubiaceae	*Chomelia*	sp.	–
Rubiaceae	*Coccocypselum*	sp.	–
Rubiaceae	*Coussarea*	sp.	–
Rubiaceae	*Faramea*	*capillipes*	Muell. Arg.
Rubiaceae	*Ferdinandusa*	sp.	–
Rubiaceae	*Genipa*	*americana*	L.
Rubiaceae	*Geophila*	*cordifolia*	Miq.
Rubiaceae	*Isertia*	*hypoleuca* cf.	Benth.
Rubiaceae	*Isertia*	sp.	–
Rubiaceae	*Ixora*	sp.	–
Rubiaceae	*Pagamea*	2 spp.	–
Rubiaceae	*Palicourea*	*guianensis*	Aubl.
Rubiaceae	*Palicourea*	2 spp.	–
Rubiaceae	*Posoqueria*	sp.	–

PLANTAS/PLANTS

Familia/Family	Género/Genus	Especie/Species	Autor/Author
Rubiaceae	Psychotria	poeppigiana	Müll. Arg.
Rubiaceae	Psychotria	prunifolia	(Kunth) Steyerm.
Rubiaceae	Psychotria	racemosa	Rich.
Rubiaceae	Psychotria	viridis	Ruiz & Pav.
Rubiaceae	Psychotria	4 spp.	–
Rubiaceae	Rudgea	cornifolia	(Kunth) Standl.
Rubiaceae	Sabicea	villosa	Willd. ex Roem. & Schult.
Rubiaceae	Sipanea	sp.	–
Rubiaceae	Uncaria	guianensis	(Aubl.) J.F. Gmel.
Rubiaceae	Warszewiczia	coccinea	(Vahl) Klotzsch
Rubiaceae	Warszewiczia cf.	sp.	–
Rubiaceae	Unknown	4 spp.	–
Rutaceae	Dictyoloma	peruvianum	Planch.
Rutaceae	Esenbeckia	sp.	–
Rutaceae	Metrodorea	flavida	Krause
Rutaceae	Pilocarpus	sp.	–
Rutaceae	Spathelia	sp.	–
Rutaceae	Zanthoxylum	ekmanii	(Urb.) Alain
Rutaceae	Zanthoxylum	sp.	–
Rutaceae	Unknown	2 spp.	–
Sabiaceae	Meliosma	sp.	–
Sapindaceae	Allophyllus	2 spp.	–
Sapindaceae	Cupania	cinerea	Poepp.
Sapindaceae	Cupania	sp.	–
Sapindaceae	Matayba	3 spp.	–
Sapindaceae	Paullinia	5 spp.	–
Sapindaceae	Pseudima	frutescens	(Aubl.) Radlk.
Sapindaceae	Talisia	sp.	–
Sapindaceae	Unknown	sp.	–
Sapotaceae	Manilkara	inundata	(Ducke) Ducke
Sapotaceae	Manilkara	sp.	–
Sapotaceae	Micropholis	venulosa	(Mart. & Eichler) Pierre
Sapotaceae	Micropholis	3 spp.	–
Sapotaceae	Pouteria	6 spp.	–
Sapotaceae	Unknown	sp.	–
Simaroubaceae	Simaba	cedron	Planch.
Simaroubaceae	Simaba	sp.	–
Simaroubaceae	Simarouba	amara	Aubl.
Smilacaceae	Smilax	sp.	–
Solanaceae	Capsicum	sp.	–
Solanaceae	Cestrum	sp.	–
Solanaceae	Cyphomandra	sp.	–
Solanaceae	Lycianthes	sp.	–

PLANTAS/PLANTS

Familia/Family	Género/Genus	Especie/Species	Autor/Author
Solanaceae	*Solanum*	*anceps*	Ruiz & Pav.
Solanaceae	*Solanum*	*lepidotum* s.l.	Dunal
Solanaceae	*Solanum*	6 spp.	–
Staphyleaceae	*Turpina*	*occidentalis*	(Sw.) G. Don
Sterculiaceae	*Byttneria*	2 spp.	–
Sterculiaceae	*Guazuma*	*crinita*	Mart.
Sterculiaceae	*Guazuma*	*ulmifolia*	Lam.
Sterculiaceae	*Sterculia*	*apeibophylla*	Ducke
Sterculiaceae	*Sterculia*	*apetala*	(Jacq.) H. Karst.
Sterculiaceae	*Sterculia*	2 spp.	–
Sterculiaceae	*Theobroma*	*bicolor*	Bonpl.
Sterculiaceae	*Theobroma*	*cacao*	L.
Sterculiaceae	*Theobroma*	*subincanum*	Mart.
Sterculiaceae	*Theobroma*	sp.	–
Strelitziaceae	*Phenakospermum*	*guyannense*	(Rich.) Endl. ex Miq.
Theaceae	*Laplacea*	*quinoderma*	Wedd.
Theophrastaceae	*Clavija*	sp.	–
Tiliaceae	*Apeiba*	*membranacea*	Spruce ex Benth.
Tiliaceae	*Apeiba*	*tibourbou*	Aubl.
Tiliaceae	*Heliocarpus*	*americanus*	L.
Tiliaceae	*Luehea*	*cymulosa*	Spruce ex Benth.
Tiliaceae	*Lueheopsis*	sp.	–
Ulmaceae	*Ampelocera*	*edentula*	Kuhlm.
Ulmaceae	*Celtis*	*iguanaea*	(Jacq.) Sarg.
Ulmaceae	*Celtis*	*schippii*	Standl.
Ulmaceae	*Celtis*	sp.	–
Ulmaceae	*Trema*	*micrantha*	(L.) Blume
Verbenaceae	*Aegiphila*	*cordata*	Poepp. ex Schauer
Verbenaceae	*Petrea*	sp.	–
Verbenaceae	*Vitex*	*triflora*	Vahl
Verbenaceae	*Vitex*	sp.	–
Verbenaceae	Unknown	sp.	–
Violaceae	*Glycidendron*	sp.	–
Violaceae	*Leonia*	*cymosa*	Mart.
Violaceae	*Leonia*	*glycycarpa*	Ruiz & Pav.
Violaceae	*Rinorea*	*viridifolia*	Rusby
Violaceae	*Rinorea*	sp.	–
Violaceae	*Rinoreocarpus*	*ulei*	(Melch.) Ducke
Vitaceae	*Cissus*	sp.	–
Vochysiaceae	*Qualea*	*albiflora*	Warm.
Vochysiaceae	*Qualea*	*witrockii*	Malme
Vochysiaceae	*Qualea*	2 spp.	–
Vochysiaceae	*Vochysia*	*lomatophylla*	Standl.
Vochysiaceae	*Vochysia*	2 spp.	–

PLANTAS/PLANTS			
Familia/Family	**Género/Genus**	**Especie/Species**	**Autor/Author**
Zingiberaceae	*Renealmia*	*breviscapa*	Poepp. & Endl.
Zingiberaceae	*Renealmia*	*cernua*	(Sw. ex Roem. & Schult.) J.F. Macbr.
Zingiberaceae	*Renealmia*	2 spp.	–
Unknown	Unknown	12 spp.	–
(Pteridophyta)	*Adiantum*	sp.	–
(Pteridophyta)	*Asplenium*	*serratum*	L.
(Pteridophyta)	*Cyathea*	sp.	–
(Pteridophyta)	*Danaea*	2 spp.	–
(Pteridophyta)	*Lindsaea*	sp.	–
(Pteridophyta)	*Lomariopsis*	*japurensis*	(Mart.) J. Sm.
(Pteridophyta)	*Lygodium*	sp.	–
(Pteridophyta)	*Nephrolepis*	sp.	–
(Pteridophyta)	*Oleandra*	sp.	–
(Pteridophyta)	*Phlebodium*	sp.	–
(Pteridophyta)	*Pityrogramma*	*calomelanos*	(L.) Link
(Pteridophyta)	*Psilotum*	sp.	–
(Pteridophyta)	*Pteris*	sp.	–
(Pteridophyta)	*Saccoloma*	sp.	–
(Pteridophyta)	*Schizaea*	2 spp.	–
(Pteridophyta)	*Selaginella*	2 spp.	–
(Pteridophyta)	*Trichomanes*	*pinnatum*	Hedw.
(Pteridophyta)	*Trichomanes*	sp.	–
(Pteridophyta)	*Vittaria*	sp.	–
(Pteridophyta)	Unknown	2 spp.	–

Amphibians and reptiles observed at three sites in and near the Área de Inmovilización Federico Román, Pando, Bolivia, from 13–25 July, 2002. Members of the inventory team: John E. Cadle, Lucindo Gonzáles, and Marcelo Guerrero.

ANFIBIOS Y REPTILES/AMPHIBIANS AND REPTILES

Especie/Species	Sitio registrado y tipo de documentación/ Inventory site and documentation		
	Caimán	Piedritas	Manoa
SQUAMATA			
Boidae			
Corallus hortulanus	SR	X	SR
Epicrates cenchria	–	–	SR
Eunectes murinus	–	X	–
Colubridae			
Chironius fuscus	–	X	X
Clelia clelia	–	–	X
Dipsas catesbyi	X	X	–
Drymoluber dichrous	X	–	X
Helicops angulatus	X	SR	–
Imantodes cenchoa	X	–	X
Leptodeira annulata	–	X	–
Liophis typhlus	–	X	–
Oxyrhopus formosus	X	–	–
Pseustes poecilonotus	–	–	X
Siphlophis compressus	X	–	X
Spilotes pullatus	–	–	SR
Tantilla melanocephala	–	SR	–
Xenopholis scalaris	X	–	X
Xenoxybelis argenteus	X	X	–
Elapidae			
Micrurus lemniscatus	X	–	–
Iguanidae			
Anolis fuscoauratus	X	X	X
Anolis nitens	–	X	–
Anolis cf. ortonii	SR (río/river)	–	–
Anolis punctatus	–	X	–
Anolis cf. transversalis	–	X	–
Iguana iguana	–	–	SR
Plica plica	–	X	X
Plica umbra	–	X	X
Uranoscodon superciliosus	–	–	X
Teiidae-Gymnophthalmidae			
Ameiva ameiva	X	–	SR
Cercosaura ocellata	X	–	–
Kentropyx altamazonicus	–	–	X
Kentropyx pelviceps	–	–	X
Pantodactylus schreibersii	X	–	–
Tupinambis teguixin	SR	–	SR
Gymnophthalmidae sp. (Alopoglossus?)	X	–	–
Gekkonidae			
Gonatodes hasemanni	X	SR	–

Especies de anfibios y reptiles registradas en tres sitios del Área de Inmovilización Federico Román, y alrededores en el departamento de Pando, Bolivia, del 13 al 25 de julio 2002. Miembros del equipo: John E. Cadle, Lucindo Gonzáles, y Marcelo Guerrero.

Documentación/Documentation:

X = Muestra colectada/ Voucher collected

SR = Encuentro visual/ Sight record

P = Documentado fotográficamente/ Photo documentation

C = Se escucharon sus cantos/ Calls heard

ANFIBIOS Y REPTILES/AMPHIBIANS AND REPTILES

Especie/Species	Sitio registrado y tipo de documentación/ Inventory site and documentation		
	Caimán	Piedritas	Manoa
Gonatodes humeralis	X	X	X
Thecadactylus rapicaudus	–	X	X
Scincidae			
Mabuya sp.	X	–	SR
CROCODYLIA			
Alligatoridae			
Caiman yacare	–	SR (río/river)	–
Paleosuchus palpebrosus	P	SR	–
Paleosuchus trigonatus	–	–	P
TESTUDINES			
Podocnemidae			
Podocnemis unifilis	–	SR (río/river)	SR (río/river)
Chelidae			
Phrynops nasutus	–	–	X (Puesto Militar)
ANURA			
Dendrobatidae			
Colostethus trilineatus	X	X	SR
Colostethus sp.	X	–	–
Dendrobates quinquevittatus	X	–	–
Epipedobates femoralis	–	X	–
Epipedobates pictus	–	–	X
Epipedobates trivittatus	X	X	–
Bufonidae			
Bufo granulosus	SR (río/river)	X	–
Bufo guttatus	–	–	X
Bufo marinus	SR (río/river)	X	C
Bufo sp. 1 (grupo margaritifer)	X	X	X
Bufo sp. 2 (grupo margaritifer)	–	X	–
Leptodactylidae			
Adenomera sp.	X	X	X
Eleutherodactylus fenestratus	X	X	X
Eleutherodactylus sp. 1	X	–	X
Eleutherodactylus sp. 2	X	–	–
Leptodactylus bolivianus	–	–	X
Leptodactylus chaquensis/ macrosternum	–	X	–
Leptodactylus fuscus	–	X	–
Leptodactylus labyrinthicus	–	X	–
Leptodactylus pentadactylus	X	–	–
Leptodactylus petersi	X	X	X
Leptodactylus rhodomystax	X	–	–
Lithodytes lineatus	X	–	–

ANFIBIOS Y REPTILES/AMPHIBIANS AND REPTILES			
Especie/Species	**Sitio registrado y tipo de documentación/ Inventory site and documentation**		
	Caimán	**Piedritas**	**Manoa**
Physalaemus petersi	X	X	X
Hylidae			
Hyla boans	X	X	X
Hyla fasciata	X	X	X
Hyla geographica	X	X	–
Hyla lanciformis	X	C	C
Osteocephalus buckleyi	X	X	–
Osteocephalus leprieurii	–	–	X
Osteocephalus taurinus	X	X	X
Osteocephalus sp.	–	X	X
Phyllomedusa vaillanti	X	–	X
Scinax garbei	–	X	–
Scinas ruber	–	X	–
Scinax sp.	–	X	–
Microhylidae			
Chiasmocleis aff. *bassleri*	–	–	X
Chiasmocleis ventrimaculatus	–	–	X
Chiasmocleis sp.	–	X	–

Documentación/Documentation:

X = Muestra colectada/ Voucher collected

SR = Encuentro visual/ Sight record

P = Documentado fotográficamente/ Photo documentation

C = Se escucharon sus cantos/ Calls heard

Especies de aves registradas en tres sitios del Área de Inmovilización Federico Román, y alrededores en el departamento de Pando, Bolivia, del 13 al 25 de julio 2002 por Douglas F. Stotz, Brian O'Shea, Romer Miserendino, Johnny Condori, y Debra K. Moskovits.

Abundancia relativa/
Relative abundance

C = Común/Common
U = Poco común/Uncommon
R = Raro/Rare
x = Visto en el pueblo de Nueva Esperanza pero no en el sitio Campamento Caimán y alrededores/Seen around the village of Nueva Esperanza but not around Campamento Caimán
z = Visto desde el bote en el río Madera viajando hacia y desde el Campamento Piedritas, pero no en el campamento/Seen on boat trips to and from Piedritas but not around the Piedritas camp itself

Hábitats/Habitats

Cp = Chacos y praderas/Clearings and pastures
Fb = Bosque de sartenejal/Short-stature sartenejal forest
Fe = Bordes del bosque/Forest edges
Fh = Bosque de tierra firme/Terra-firme (upland) forest
Fsm = Márgenes de arroyos de bosque/Forested stream margins
Ft = Bosque de transición/Transitional forest
O = Cielo abierto/Overhead
Ri = Río/River

Notas/Notes

1 = Registro nuevo para Bolivia/New record for Bolivia
2 = Registro nuevo para Pando/New record for Pando
3 = Aparte de Federico Román, esta especie se ha registrado sólo al este del río Madera/Range otherwise east of Madera River
4 = En Bolivia, sólo en Pando/In Bolivia, only in Pando

AVES/BIRDS

Especie/Species	Abundancia relativa en los sitios de inventario/Relative abundance at inventory sites			Hábitats/Habitats	Notas/Notes
	Caimán	Piedritas	Manoa		
Tinamidae					
Tinamus tao	U	R	U	Fh	–
Tinamus major	U	U	U	Fh, Ft	–
Tinamus guttatus	R	U	U	Fh	–
Crypturellus cinereus	C	C	C	Fh, Ft	–
Crypturellus soui	C	R	R	Ft, Fe	–
Crypturellus undulatus	–	U	C	Ft	–
Crypturellus strigulosus	C	U	–	Fh	–
Crypturellus parvirostris	x	–	–	Cp	–
Crypturellus bartletti	R	–	C	Ft, Fh	–
Crypturellus variegatus	–	–	R	Fh	–
Phalacrocoracidae					
Phalacrocorax brasilianus	–	–	R	Ri	–
Anhingidae					
Anhinga anhinga	–	z	–	Ri	–
Ardeidae					
Tigrisoma lineatum	R	R	R	Fsm	–
Zebrilus undulatus	–	R	–	Fsm	2
Pilherodius pileatus	x	R	–	Ri	–
Ardea cocoi	–	R	R	Ri	–
Casmerodius albus	–	z	–	Ri	–
Bubulcus ibis	x	–	–	Cp	–
Egretta thula	x	C	U	Ri	–
Ciconidae					
Mycteria americana	–	R	–	Ri	–
Cathartidae					
Coragyps atratus	C	U	U	O	–
Cathartes aura	C	–	R	O	–
Cathartes melambrotos	C	U	U	O	–
Sarcoramphus papa	C	R	–	O	–
Anatidae					
Dendrocygna autumnalis	–	U	–	Ri	2
Cairina moschata	R	R	R	Fsm, Ri	–
Accipitridae					
Leptodon cayanensis	R	–	–	O	–
Chondrohierax uncinatus	R	–	–	O	–
Elanoides forficatus	C	R	–	O	–
Harpagus bidentatus	U	U	R	O	–
Ictinea plumbea	R	–	–	O	–
Buteogallus urubitinga	–	–	R	Ft	–
Buteo brachyurus	R	z	–	Fh, O	–
Buteo nitidus	U	–	–	Fh	–
Buteo magnirostris	C	C	U	Fe, Cp, Ri	–

Birds observed at three sites in and near the Área de Inmovilización
Federico Román, Pando, Bolivia, from 13–25 July, 2002 by
Douglas F. Stotz, Brian O'Shea, Romer Miserendino, Johnny Condori,
and Debra K. Moskovits.

AVES/BIRDS

Especie/Species	Abundancia relativa en los sitios de inventario/Relative abundance at inventory sites			Hábitats/ Habitats	Notas/ Notes
	Caimán	Piedritas	Manoa		
Spizaetus tyrannus	R	R	R	Fh, Ft	–
Spizaetus ornatus	U	–	–	Fh	–
Morphnus guianensis	R	–	–	Fh	2
Falconidae					
Daptrius ater	–	U	C	Ft, Fsm	–
Daptrius americanus	C	C	C	Fh	–
Herpetotheres cachinnans	C	R	U	Fe, Fh	–
Micrastur semitorquatus	R	–	–	Fh	2
Micrastur mirandollei	–	–	R	Fh	–
Micrastur ruficollis	U	U	R	Fh, Ft	–
Micrastur gilvicollis	R	R	U	Fh	–
Falco rufigularis	U	U	U	Ft, Ri	–
Cracidae					
Ortalis guttata	x	R	U	Ri	–
Penelope jacquacu	C	C	C	Fh, Ft	–
Pipile pipile	C	–	–	Fh	–
Mitu tuberosa	C	U	–	Fh	–
Phasianidae					
Odontophorus stellatus	C	C	U	Fh	–
Rallidae					
Aramides cajanea	R	U	U	Fsm	–
Anurolimnas castaneiceps	U	U	–	Fe	4
Laterallus exilis	x	–	–	Cp	–
Heliornithidae					
Heliornis fulica	–	R	–	Fsm	–
Eurypygidae					
Eurypyga helias	R	z	–	Fsm, Ri	–
Psophiidae					
Psophia leucoptera	C	U	R	Ft, Fh	–
Charadriidae					
Vanellus cayanus	–	C	U	Ri	–
Vanellus chilensis	–	–	R	Ri	–
Charadrius collaris	–	C	–	Ri	–
Laridae					
Phaetusa simplex	x	C	U	Ri	–
Sterna superciliaris	–	C	R	Ri	–
Rynchopidae					
Rynchops niger	–	C	R	Ri	–
Columbidae					
Columba speciosa	–	C	C	Fb, Fsm	–
Columba cayennensis	–	R	R	Ft, Ri	–
Columba plumbea	C	C	C	Fh, Fb, Ft	–
Columba subvinacea	U	U	C	Fh	–

**Abundancia relativa/
Relative abundance**

C = Común/Common
U = Poco común/Uncommon
R = Raro/Rare
x = Visto en el pueblo de Nueva Esperanza pero no en el sitio Campamento Caimán y alrededores/Seen around the village of Nueva Esperanza but not around Campamento Caimán
z = Visto desde el bote en el río Madera viajando hacia y desde el Campamento Piedritas, pero no en el campamento/ Seen on boat trips to and from Piedritas but not around the Piedritas camp itself

Hábitats/Habitats

Cp = Chacos y praderas/ Clearings and pastures
Fb = Bosque de sartenejal/ Short-stature sartenejal forest
Fe = Bordes del bosque/ Forest edges
Fh = Bosque de tierra firme/ Terra-firme (upland) forest
Fsm = Márgenes de arroyos de bosque/Forested stream margins
Ft = Bosque de transición/ Transitional forest
O = Cielo abierto/Overhead
Ri = Río/River

Notas/Notes

1 = Registro nuevo para Bolivia/ New record for Bolivia
2 = Registro nuevo para Pando/ New record for Pando
3 = Aparte de Federico Román, esta especie se ha registrado sólo al este del río Madera/ Range otherwise east of Madera River
4 = En Bolivia, sólo en Pando/ In Bolivia, only in Pando

AVES/BIRDS

Especie/Species	Abundancia relativa en los sitios de inventario/Relative abundance at inventory sites			Hábitats/ Habitats	Notas/ Notes
	Caimán	Piedritas	Manoa		
Columbina talpacoti	x	R	R	Cp	–
Claravis pretiosa	R	R	–	Cp	–
Leptotila verreauxi	R	R	–	Cp	–
Leptotila rufaxilla	C	C	C	Fe, Cp, Fsm, Ri	–
Geotrygon montana	U	U	R	Fh	–
Psittacidae					
Ara ararauna	R	–	C	Fh, Ft	–
Ara macao	C	C	U	Fh, Ft	–
Ara chloroptera	U	U	U	Fh	–
Ara severa	–	–	U	Ft	–
Ara manilata	U	C	U	Ft, Ri	–
Ara couloni	–	–	U	Ft	–
Aratinga leucophthalmus	C	U	U	Fh, Ft	–
Aratinga weddellii	C	C	C	Ft, Fh	–
Pyrrhura picta	–	–	U	Fh	–
Pyrrhura rupicola	U	U	U	Fh	–
Forpus sclateri	U	R	U	Ri, Fe	–
Brotogeris cyanoptera	?	–	–	Fh	–
Brotogeris chrysopterus	C	R	U	Fh, Ft	1, 3
Pionites leucogaster	C	C	C	Fh	–
Pionopsitta barrabandi	U	–	U	Fh	–
Pionus menstruus	C	C	C	Fh, Ft	–
Amazona ochrocephala	C	U	C	Fh, Ft	–
Amazona farinosa	C	C	U	Fh	–
Amazona festiva (?)	–	R	U	Ft	1
Cuculidae					
Coccyzus melacoryphus	R	–	–	Fe	–
Piaya cayana	C	C	C	Fe, Fh, Fsm	–
Piaya melanogaster	U	R	R	Fh	–
Piaya minuta	R	–	R	Fe	–
Crotophaga major	R	–	–	Fsm	–
Crotophaga ani	x	R	R	Cp, Ri	–
Strigidae					
Otus choliba	x	U	–	Ft, Fe	–
Otus watsonii	C	C	C	Fh	–
Lophostrix cristata	C	R	C	Fh	–
Pulsatrix perspicillata	U	R	–	Fh	–
Glaucidium hardyi	C	U	U	Fh	4
Ciccaba virgata	–	R	–	Fh	–
Ciccaba hulula	R	R	R	Fh	–
Nyctibiidae					
Nyctibius aethereus	–	–	R	Fh	–

AVES/BIRDS					
Especie/Species	**Abundancia relativa en los sitios de inventario/Relative abundance at inventory sites**			**Hábitats/ Habitats**	**Notas/ Notes**
	Caimán	**Piedritas**	**Manoa**		
Nyctibius grandis	R	U	R	Fh	–
Nyctibius griseus	–	–	U	Ft	–
Caprimulgidae					
Chordeiles rupestris	–	C	–	Ri	–
Nyctidromus albicollis	C	C	U	Fe	–
Nyctiphrynus ocellatus	C	C	C	Fh	–
Caprimulgus parvulus	U	–	R	Fe	–
Caprimulgus sericocaudatus	R	–	–	Fh	–
Caprimulgus nigrescens	R	–	U	Fe, Ri	2
Hydropsalis climacocerca	–	C	R	Ri	–
Apodidae					
Chaetura brachyura	U	R	–	O	–
Chaetura chapmani	U	–	–	O	2
Chaetura egregia	C	R	U	O	–
Chaetura cinereiventris	C	–	U	O	–
Tachornis squamata	–	R	U	O	–
Panyptila cayennensis	U	–	–	O	–
Trochilidae					
Threnetes leucurus	R	–	–	Fe	–
Phaethornis superciliosus	C	–	–	Fh	–
Phaetornis hispidus	U	C	U	Ft, Fh	–
Phaetornis philippii	C	–	U	Fh	–
Phaetornis ruber	C	C	C	Ft, Fh	–
Florisuga mellivora	R	–	–	Fh	–
Anthracothorax nigricollis	x	–	–	Cp	–
Thalurania furcata	R	U	R	Fh	–
Hylocharis cyanus	R	U	–	Fb, Fe	–
Amazilia fimbriata	–	R	–	Fb	2
Heliothryx aurita	–	R	–	Fh	–
Trogonidae					
Pharomachrus pavoninus	R	–	R	Fh	–
Trogon melanurus	C	C	C	Ft, Fh	–
Trogon viridis	C	C	C	Fh	–
Trogon collaris	R	U	U	Fh, Ft	–
Trogon rufus	R	U	R	Fh	4
Trogon curucui	U	U	C	Ft, Fe	–
Trogon violaceus	U	R	C	Fh, Ft	–
Momotidae					
Electron platyrhynchum	C	U	U	Fh	–
Baryphthengus martii	U	U	R	Fh	–
Momotus momota	U	U	C	Ft, Fh	–
Alcenidae					
Ceryle torquata	–	U	U	Ri	–

Abundancia relativa / Relative abundance

C = Común/Common
U = Poco común/Uncommon
R = Raro/Rare
x = Visto en el pueblo de Nueva Esperanza pero no en el sitio Campamento Caimán y alrede-dores/Seen around the village of Nueva Esperanza but not around Campamento Caimán
z = Visto desde el bote en el río Madera viajando hacia y desde el Campamento Piedritas, pero no en el campamento/ Seen on boat trips to and from Piedritas but not around the Piedritas camp itself

Hábitats/Habitats

Cp = Chacos y praderas/ Clearings and pastures
Fb = Bosque de sartenejal/ Short-stature sartenejal forest
Fe = Bordes del bosque/ Forest edges
Fh = Bosque de tierra firme/ Terra-firme (upland) forest
Fsm = Márgenes de arroyos de bosque/Forested stream margins
Ft = Bosque de transición/ Transitional forest
O = Cielo abierto/Overhead
Ri = Río/River

Notas/Notes

1 = Registro nuevo para Bolivia/ New record for Bolivia
2 = Registro nuevo para Pando/ New record for Pando
3 = Aparte de Federico Román, esta especie se ha registrado sólo al este del río Madera/ Range otherwise east of Madera River
4 = En Bolivia, sólo en Pando/ In Bolivia, only in Pando

AVES/BIRDS

Especie/Species	Abundancia relativa en los sitios de inventario/Relative abundance at inventory sites			Hábitats/ Habitats	Notas/ Notes
	Caimán	Piedritas	Manoa		
Chloroceryle amazona	–	R	R	Ri	–
Chloroceryle americana	–	U	R	Fsm	–
Chloroceryle inda	U	R	U	Fsm	–
Bucconidae					
Notharchus macrorhynchus	R	–	R	Fh	–
Notharchus ordi	U	–	–	Fh	4
Notharchus tectus	–	–	R	Fb	2
Bucco capensis	R	–	–	Fh	1, 3
Bucco tamatia	–	R	–	Fh	–
Nystalus striolatus	U	U	U	Ft, Fh	–
Malacoptila rufa	–	R	R	Fh, Ft	–
Nonnula sclateri	–	R	U	Ft	4
Monasa nigrifrons	R	C	C	Ft, Fe	–
Monasa morphoeus	C	R	U	Fh	–
Chelidoptera tenebrosa	–	R	U	Ri, Cp	–
Galbulidae					
Galbula cyanescens	R	U	U	Fe, Ft	–
Galbula cyanicollis	U	U	–	Fh	4
Galbula dea	C	U	C	Fh	–
Galbula leucogastra	–	U	R	Fb	3, 4
Jacamerops aurea	C	R	U	Fsm	–
Capitonidae					
Capito niger	C	U	C	Fh	–
Eubucco richardsoni	–	R	–	Fh	–
Ramphastidae					
Pteroglossus azara	C	R	U	Fh	–
Pteroglossus castanotis	R	R	–	Ft, Fe	–
Pteroglossus beauharnaesii	U	U	R	Fh	–
Selenidera reinwardtii	C	R	U	Fh	–
Ramphastos vitellinus	C	C	C	Fh, Ft	–
Ramphastos tucanus	C	C	C	Fh, Ft	–
Picidae					
Picumnus aurifrons	U	U	U	Fh, Fb, Ft	–
Melanerpes cruentatus	C	C	C	Ft, Fe	–
Veniliornis passerinus	R	R	R	Fe	–
Veniliornis affinis	U	R	R	Fh	–
Piculus flavigula	U	–	R	Fh, Fb	–
Piculus chrysochloros	C	R	R	Fh	–
Piculus leucolaemus	R	–	–	Fh	–
Celeus grammicus	U	R	C	Fh	–
Celeus elegans	–	U	C	Ft, Fh	–
Celeus flavus	–	U	–	Ft	–
Celeus torquatus	R	–	R	Fh	–

AVES/BIRDS

Especie/Species	Abundancia relativa en los sitios de inventario/Relative abundance at inventory sites			Hábitats/Habitats	Notas/Notes
	Caimán	Piedritas	Manoa		
Dryocopus lineatus	C	C	U	Ft, Ri, Fe	–
Campephilus melanoleucus	C	U	C	Ft, Fe	–
Campephilus rubricollis	C	C	C	Fh	–
Dendrocolaptidae					
Dendrocincla fuliginosa	C	U	C	Fh	–
Dendrocincla merula	R	U	C	Fh	–
Deconychura longicauda	U	R	R	Fh	–
Sittasomus griseicapillus	C	C	C	Fh	–
Glyphorhynchus spirurus	C	C	C	Fh	–
Nasica longirostris	–	–	R	Ft	–
Dendrexetastes rufigula	C	U	C	Fh, Ft	–
Xiphocolaptes promeropirhynchus	–	–	R	Fh	–
Dendrocolaptes picumnus	U	U	U	Fh	–
Dendrocolaptes certhia	U	U	C	Fh	–
Xiphorhynchus picus	R	C	U	Fsm	–
Xiphorhynchus obsoletus	–	U	U	Ft	–
Xiphorhynchus spixii	C	C	C	Fh, Ft	–
Xiphorhynchus guttatus	C	C	C	Ft, Fh	–
Lepidocolaptes albolineatus	C	U	U	Fh	–
Furnariidae					
Synallaxis rutilans	–	R	R	Fh?	–
Cranioleuca gutturata	R	U	R	Fh	–
Hyloctistes subulatus	U	R	–	Fh	–
Ancistrops strigilatus	C	U	C	Fh	–
Philydor erythrocercus	U	U	U	Fh	–
Philydor pyrrodes	R	U	R	Ft, Fsm	–
Philydor erythropterus	C	U	U	Fh	–
Philydor ruficaudatus	R	–	R	Fh	–
Automolus infuscatus	R	–	R	Fh	–
Automolus ochrolaemus	R	C	C	Fb, Fh	–
Automolus rufipileatus	–	–	R	Ft	–
Xenops tenuirostris	–	R	R	Ft	–
Xenops minutus	U	U	U	Fh, Ft	–
Xenops milleri	C	U	R	Fh	–
Sclerurus mexicanus	R	R	R	Fh	–
Sclerurus caudacutus	R	R	–	Fh	–
Sclerurus rufigularis	–	R	R	Fh	2, 3
Thamnophilidae					
Cymbilaimus lineatus	C	U	C	Ft, Fh	–
Cymbilamus sanctaemariae	–	–	U	Ft	–
Frederickena unduligera	–	R	–	Fb	–
Taraba major	–	U	R	Fsm	–

**Abundancia relativa/
Relative abundance**

C = Común/Common
U = Poco común/Uncommon
R = Raro/Rare
x = Visto en el pueblo de Nueva
  Esperanza pero no en el sitio
  Campamento Caimán y alrede-
  dores/Seen around the village
  of Nueva Esperanza but not
  around Campamento Caimán
z = Visto desde el bote en el río
  Madera viajando hacia y desde
  el Campamento Piedritas,
  pero no en el campamento/
  Seen on boat trips to and
  from Piedritas but not around
  the Piedritas camp itself

Hábitats/Habitats

Cp = Chacos y praderas/
  Clearings and pastures
Fb = Bosque de sartenejal/
  Short-stature sartenejal forest
Fe = Bordes del bosque/
  Forest edges
Fh = Bosque de tierra firme/
  Terra-firme (upland) forest
Fsm = Márgenes de arroyos
  de bosque/Forested
  stream margins
Ft = Bosque de transición/
  Transitional forest
O = Cielo abierto/Overhead
Ri = Río/River

Notas/Notes

1 = Registro nuevo para Bolivia/
  New record for Bolivia
2 = Registro nuevo para Pando/
  New record for Pando
3 = Aparte de Federico Román,
  esta especie se ha registrado
  sólo al este del río Madera/
  Range otherwise east of
  Madera River
4 = En Bolivia, sólo en Pando/
  In Bolivia, only in Pando

AVES/BIRDS

Especie/Species	Abundancia relativa en los sitios de inventario/Relative abundance at inventory sites			Hábitats/Habitats	Notas/Notes
	Caimán	Piedritas	Manoa		
Thamnophilus doliatus	x	C	–	Fsm, Cp	–
Thamnophilus aethiops	C	U	U	Fh	–
Thamnophilus schistaceus	C	C	C	Fh, Ft	–
Thamnophilus amazonicus	–	C	C	Ft, Fsm	–
Pygiptila stellaris	C	C	C	Fh	–
Thamnomanes ardesiacus	C	U	U	Fh	–
Thamnomanes caesius	C	U	U	Fh	3
Myrmotherula surinamensis	R	C	–	Fsm	–
Myrmotherula brachyura	C	C	U	Fh, Fe	–
Myrmotherula sclateri	C	C	C	Fh	–
Myrmotherula leucophthalma	R			Fh	–
Myrmotherula haematonota	C	C	U	Fh, Fb	4
Myrmotherula ornata	–		R	Ft	3 (subspecies)
Myrmotherula axillaris	C	C	C	Fh, Fb	–
Myrmotherula longipennis	C	R	–	Fh	–
Myrmotherula menetriesii	C	U	R	Fh, Ft	–
Myrmotherula assimilis	–	R	–	Fsm	–
Dichrozona cincta	U	U	U	Fh	–
Herpsilochmus (atricapillus)	–	–	R	Fb	2
Herpsilochmus rufimarginatus	R	–	–	Fh	–
Microrhopias quixensis	R	–	R	Ft, Fsm	–
Drymophila devillei	R	–	–	Fsm	–
Terenura humeralis	R	R	–	Fh	–
Cercomacra cinerascens	C	U	U	Fh	–
Cercomacra nigrescens	R	–	–	Fsm	–
Cercomacra serva	C	–	U	Fe	–
Myrmoborus leucophrys	R	R	–	Fsm	–
Myrmoborus myotherinus	C	C	C	Fh, Fb	–
Hypocnemis cantator	C	C	C	Fb, Fh, Ft	–
Hypocnemoides maculicauda	R	U	R	Fsm	–
Sclateria naevia	R	R	U	Fsm	–
Percnostola leucostigma	R	R	U	Fh	–
Myrmeciza hemimelaena	C	U	U	Fh	–
Myrmeciza goeldii	R	–	–	Fe	–
Myrmeciza fortis	C	–	–	Fh	–
Myrmeciza atrothorax	R	–	–	Fe	–
Gymnopithys salvini	C	R	C	Fh	–
Rhegmatorhina melanosticta	U	–	C	Fh	–
Hylophylax punctulata	–	–	R	Fsm	–
Hylophylax poecilonota	U	U	C	Fh	–
Phlegopsis erythroptera	–	–	R	Fh	4
Phlegopsis nigromaculata	R	R	U	Fh	–

AVES/BIRDS					
Especie/Species	**Abundancia relativa en los sitios de inventario/Relative abundance at inventory sites**			**Hábitats/ Habitats**	**Notas/ Notes**
	Caimán	**Piedritas**	**Manoa**		
Formicariidae					
Formicarius colma	C	–	R	Fh	–
Myrmothera campanisona	C	C	C	Fh, Ft	–
Rhinocryptidae					
Liosceles thoracicus	R	–	–	Fh	4
Tyrannidae					
Zimmerius gracilipes	U	C	U	Ft, Fh	–
Ornithion inerme	C	U	U	Fh, Ft	–
Camptostoma obsoletum	–	R	U	Fb, Fsm	–
Phaeomyias murina	–	–	R	Fb	–
Sublegatus modestus	–	R	–	Fb	–
Tyrannulus elatus	R	C	C	Fb, Ft	–
Myiopagis gaimardii	C	C	C	Fh, Ft	–
Myiopagis caniceps	C	U	C	Fh	–
Myiopagis viridicata	–	R	R	Fsm	–
Inezia inornata	R	U	R	Fsm, Fb	–
Euscarthmus meloryphus	–	R	–	Cp	–
Mionectes oleagineus	R	R	–	Fh	–
Mionectes macconnelli	R	R	R	Fh	–
Leptopogon amaurocephalus	R	R	U	Fh	–
Corythopis torquata	U	–	R	Fh	–
Myiornis ecaudatus	C	C	C	Fe	–
Hemitriccus minor	C	C	C	Fh, Fe	3
Hemitriccus zosterops	C	C	C	Fh, Fb	–
Hemitriccus iohannis	R	–	–		
Hemitriccus striaticollis	–	R	–	Fb	–
Todirostrum maculatum	–	–	R	Ri	–
Todirostrum chrysocrotaphum	U	R	R	Fe	–
Cnipodectes subbrunneus	R	R	–	Ft	4
Ramphotrigon ruficauda	U	C	C	Fb, Fh	–
Tolmomyias sulphurescens	–	U	R	Fsm	–
Tolmomyias assimilis	C	C	C	Fh	–
Tolmomyias poliocephalus	C	C	U	Fh, Ft	–
Tolmomyias flaviventris	R	–	–	Fe	–
Platyrinchus coronatus	R	–	–	Fsm	–
Platyrinchus platyrhynchos	U	–	–	Fh	–
Onychorynchus coronatus	R	U	–	Fsm	–
Terenotriccus erythrurus	C	U	R	Fh	–
Lathrotriccus euleri	R	U	U	Fsm, Fb	–
Cnemotriccus fuscatus	–	C	C	Fb, Cp	–
Pyrocephalus rubinus	x	–	R	Ri	–
Ochthornis littoralis	–	C	C	Ri	–
Muscisaxicola fluviatilis	–	–	R	Ri	–

**Abundancia relativa/
Relative abundance**

C = Común/Common
U = Poco común/Uncommon
R = Raro/Rare
x = Visto en el pueblo de Nueva Esperanza pero no en el sitio Campamento Caimán y alrededores/Seen around the village of Nueva Esperanza but not around Campamento Caimán
z = Visto desde el bote en el río Madera viajando hacia y desde el Campamento Piedritas, pero no en el campamento/ Seen on boat trips to and from Piedritas but not around the Piedritas camp itself

Hábitats/Habitats

Cp = Chacos y praderas/ Clearings and pastures
Fb = Bosque de sartenejal/ Short-stature sartenejal forest
Fe = Bordes del bosque/ Forest edges
Fh = Bosque de tierra firme/ Terra-firme (upland) forest
Fsm = Márgenes de arroyos de bosque/Forested stream margins
Ft = Bosque de transición/ Transitional forest
O = Cielo abierto/Overhead
Ri = Río/River

Notas/Notes

1 = Registro nuevo para Bolivia/ New record for Bolivia
2 = Registro nuevo para Pando/ New record for Pando
3 = Aparte de Federico Román, esta especie se ha registrado sólo al este del río Madera/ Range otherwise east of Madera River
4 = En Bolivia, sólo en Pando/ In Bolivia, only in Pando

AVES/BIRDS

Especie/Species	Abundancia relativa en los sitios de inventario/Relative abundance at inventory sites			Hábitats/ Habitats	Notas/ Notes
	Caimán	Piedritas	Manoa		
Attila cinnamomeus	U	R	–	Fsm	–
Attila spadiceus	C	C	C	Fh, Ft, Fb	–
Casiornis rufa	U	U	–	Fh, Fb	–
Rhytipterna simplex	C	C	C	Fh, Ft	–
Siryster sibilator	U	–	–	Fh	–
Myiarchus tuberculifer	R	–	U	Ft	–
Myiarchus ferox	x	U	R	Cp, Ri	–
Myiarchus swainsoni	C	U	–	Fh	–
Myiarchus tyrannulus	U	C	C	Fb, Fh	–
Pitangus lictor	–	R	–	Fsm	–
Pitangus sulphuratus	R	U	C	Ri, Fe	–
Megarynchus pitangua	–	R	R	Ri	–
Myiozetetes luteiventris	C	U	U	Fh	–
Conopias parva	–	R	U	Fh	1
Myiodynastes maculatus	U	U	C	Fh, Fb	–
Legatus leucophaius	U	–	U	Fe	–
Empidonomus aurantioatrocristatus	U	–	R	Fe	–
Pachyramphus castaneus	R	–	–	Fh	–
Pachyramphus polychopterus	U	R	–	Ft, Fe	–
Pachyramphus marginatus	U	U	U	Fh	–
Pachyramphus minor	U	–	R	Fh	–
Tityra semifasciata	C	R	U	Fh, Ft	–
Tityra inquisitor	U	R	–	Fh	–
Cotingidae					
Iodopleura isabellae	U	–	–	Fh	–
Laniocera hypopyrrha	U	R	R	Fh, Ft	–
Lipaugus vociferans	C	C	C	Fh	–
Cotinga cayana	U	–	–	Fh	–
Cotinga maynana	–	z	–	Ri	–
Xipholena punicea	–	–	R	Fb	3
Gymnoderus foetidus	U	–	R	Ri, Fe	–
Querula purpurata	C	R	R	Fh	–
Pipridae					
Schiffornis turdinus	C	R	C	Fh, Fb	–
Pipitres chloris	C	C	U	Fh	–
Tyranneutes stolzmanni	U	C	C	Fb, Fh	–
Neopelma sulphureiventer	–	U	R	Fsm	–
Heterocercus linteatus	R	–	R	Fsm	2
Machaeropterus pyrocephalus	R	U	R	Fh	–
Chiroxiphia pareola	U	–	–	Fh	–
Pipra coronata	U	U	U	Fb, Fh	–
Pipra fasciicauda	R	C	C	Ft	–

	AVES/BIRDS				
		Abundancia relativa en los sitios de inventario/Relative abundance at inventory sites			
Especie/Species		**Caimán**	**Piedritas**	**Manoa**	**Hábitats/ Habitats**	**Notas/ Notes**
Pipra rubrocapilla	C	C	C	Fh, Fb	–
Hirundinidae					
Tachycineta albiventer	x	C	C	Ri	–
Progne chalybea	U	R	U	Ri, Cp	–
Atticora fasciata	–	z	C	Ri	–
Atticora melanoleuca	–	z	C	Ri	3
Neochelidon tibialis	U	R	–	Fe	–
Stelgidopteryx ruficollis	x	U	C	Ri	–
Troglodytidae					
Campylorhynchus turdinus	C	R	–	Fh	–
Thryothorus genibarbis	U	C	C	Fb, Ft, Fe	–
Thryothorus leucotis	–	–	R	Ri	–
Troglodytes aedon	R	–	R	Cp, Ri	–
Microcerculus marginatus	C	U	C	Fh	–
Cyphorhinus aradus	R	–	–	Fh	–
Turdinae					
Turdus amaurochalinus	–	–	R	Ft	–
Turdus hauxwelli	–	R	–	Fsm	–
Turdus ignobilis	–	C	U	Ft, Fb	–
Turdus lawrencii	C	R	–	Fh	–
Turdus albicollis	R	U	U	Fb, Fh, Fsm	–
Vireonidae					
Vireolanius leucotis	C	–	–	Fh	–
Vireo olivaceus	C	C	C	Fh, Ft	–
Hylophilus thoracicus	–	C	C	Ft	–
Hylophilus pectoralis	–	–	R	Fb	3
Hylophilus hypoxanthus	C	C	C	Fh, Ft	–
Hylophilus ochraceiceps	U	R	R	Fh	–
Emberizinae					
Ammodramus aurifrons	x	U	C	Ri	–
Volatinia jacarina	x	–	–	Cp	–
Sporophila schistacea	R	–	–	Fe	–
Sporophila castaneiventris	x	–	–	Cp	–
Paroaria gularis	–	–	U	Ri	–
Cardinalinae					
Pitylus grossus	U	–	R	Fe, Ft	–
Saltator maximus	U	–	U	Fe	–
Cyanocompsa cyanoides	U	–	R	Fh	–
Thraupinae					
Lamprospiza melanoleuca	C	R	U	Fh	–
Cissopis leveriana	R	–	–	Cp	–
Hemithraupis guira	R	–	R	Fh	–
Hemithraupis flavicollis	C	R	U	Fh	–

Abundancia relativa/
Relative abundance

C = Común/Common
U = Poco común/Uncommon
R = Raro/Rare
x = Visto en el pueblo de Nueva Esperanza pero no en el sitio Campamento Caimán y alrededores/Seen around the village of Nueva Esperanza but not around Campamento Caimán
z = Visto desde el bote en el río Madera viajando hacia y desde el Campamento Piedritas, pero no en el campamento/ Seen on boat trips to and from Piedritas but not around the Piedritas camp itself

Hábitats/Habitats

Cp = Chacos y praderas/ Clearings and pastures
Fb = Bosque de sartenejal/ Short-stature sartenejal forest
Fe = Bordes del bosque/ Forest edges
Fh = Bosque de tierra firme/ Terra-firme (upland) forest
Fsm = Márgenes de arroyos de bosque/Forested stream margins
Ft = Bosque de transición/ Transitional forest
O = Cielo abierto/Overhead
Ri = Río/River

Notas/Notes

1 = Registro nuevo para Bolivia/ New record for Bolivia
2 = Registro nuevo para Pando/ New record for Pando
3 = Aparte de Federico Román, esta especie se ha registrado sólo al este del río Madera/ Range otherwise east of Madera River
4 = En Bolivia, sólo en Pando/ In Bolivia, only in Pando

AVES/BIRDS

Especie/Species	Abundancia relativa en los sitios de inventario/Relative abundance at inventory sites			Hábitats/ Habitats	Notas/ Notes
	Caimán	Piedritas	Manoa		
Lanio versicolor	U	U	R	Fh	–
Tachyphonus cristatus	C	U	U	Fh, Ft	–
Tachyphonus luctuosus	U	R	U	Ft, Fh	–
Habia rubica	U	–	R	Fh	–
Ramphocelus carbo	R	C	U	Cp, Ri	–
Thraupis episcopus	R	–	R	Cp	–
Thraupis palmarum	C	C	U	Fe, Ft	–
Euphonia chlorotica	R	–	–	Fh	–
Euphonia laniirostris	–	R	–	Fh	–
Euphonia chrysopasta	U	R	C	Fh	–
Euphonia minuta	–	R	U	Ft, Fb	–
Euphonia rufiventris	C	C	C	Fh, Ft	–
Tangara mexicana	C	R	R	Fe, Ft	–
Tangara chilensis	C	U	U	Fh, Ft	–
Tangara schrankii	–	U	U	Ft, Fh	–
Tangara gyrola	R	–	–	Fe	2
Tangara nigrocincta	R	–	–	Fh	–
Tangara velia	U	–	U	Fh, Ft	–
Tangara callophrys	U	–	–	Fh	–
Dacnis lineata	C	R	U	Fh, Ft	–
Dacnis flaviventer	R	–	–	Fe	–
Dacnis cayana	C	C	U	Ft, Fb, Fh	–
Cyanerpes caeruleus	U	R	U	Fh	3
Cyanerpes nitidus	R	–	R	Fh	–
Chlorophanes spiza	U	R	–	Fh	–
Tersina viridis	U	–	R	Fe, Ri	–
Parulidae					
Basileuterus fulvicauda	C	–	–	Fsm	–
Icteridae					
Psarocolius decumanus	C	–	U	Ft, Fe	–
Psarocolius bifasciatus	C	U	C	Fh, Ri	–
Cacicus cela	C	C	C	Ft, Fe	–
Cacicus haemorrhous	–	–	R	Fb	–
Icterus cayanensis	C	R	U	Fe	–
Leistes militaris	–	R	–	Ri	–
Scaphidura oryzivora	C	–	R	Ri, Fe	–

Large mammals expected and observed at three sites in and near the Área de Inmovilización Federico Román, Pando, Bolivia, from 13–25 July, 2002 by Sandra Suárez, Gonzalo Calderón, and Verónica Chávez. Five species of small mammals encountered during the fieldwork are included in this list, but we did not try to predict the species of small mammals present nor estimate their abundance.

MAMÍFEROS GRANDES/LARGE MAMMALS

Especie/Species	Nombre común	Common name	Número de observaciones/ Number of records in site			Abundancia local/Local abundance	Estado general/ General status
			Caimán	Piedritas	Manoa		
ARTIODACTYLA							
Tayasuidae							
*Tayassu pecari**	tropero	white-lipped peccary	0	1	1	L	CITES II
*Tayassu tajacu**	taitetú o sajino	collared peccary	9	6	7	A	CITES II
Cervidae							
*Mazama americana**	guazo	red brocket deer	5	3	1	M	C
Mazama gouazoubira	urina	gray brocket deer	1	1	0	L	U
CARNIVORA							
Canidae							
Atelocynus microtis	zorro	short-eared dog	0	1	0	R	C (Pando)
Cerdocyon thous	zorro	crab-eating fox	1	0	0	R	C
Speothos venaticus	perrito de monte	bush dog	0	0	0	e	CITES I
Procyonidae							
Bassaricyon gabbii	wichi	olingo	0	0	0	e	C
Nasua nasua	tejón	South American coati	0	0	1	R	U
*Potos flavus**	wichi	kinkajou	2	0	0	L	C
Procyon cancrivorus	mapache	crab-eating racoon	0	0	0	e	U
Mustelidae							
Eira barbara	melero	tayra	8	0	0	C	C
Galictis vittata	hurón	grison	0	0	0	e	U
Lontra longicaudis	lobito de río	neotropical otter	1	0	0	R	CITES I, ESA
Pteronura brasiliensis	londra	giant otter	0	0	0	e	CITES I, ESA
Felidae							
*Herpailurus yaguarondi**	gato gris	jaguarundi	0	1	0	R	CITES I
Leopardus pardalis	tigrecillo	ocelot	0	1	1	L	CITES I, ESA
Leopardus wiedii	gato	margay	0	1	0	R	CITES I, ESA
Pantera onca	tigre	jaguar	1	2	0	L	CITES I, ESA
Puma concolor	león	puma	3	2	0	L	CITES I
CETACEA							
Platanistidae							
*Inia boliviensis**	bufeo o boto	pink river dolphin	0	0	4	C	C
CHIROPTERA							
Phyllostomidae							

Abundancia local estimada/ Estimated local abundance

A = Abundante/Abundant
M = Más común/More common
C = Común/Common
L = Poco común/Less common
R = Raro/Rare
e = Esperado pero no registrado/ Expected but not registered during the inventory

Estado general/General status (Emmons 1997)

C = Común/Common
U = No común/Uncommon
R = Raro/Rare
CITES I = CITES–Appendix I
CITES II = CITES–Appendix II
ESA = U.S. Endangered Species Act–Endangered
IUCNv = IUCN Red List–Vulnerable
IUCNe = IUCN Red List–Endangered
IUCNce = IUCN Red List– Critically Endangered

[1] = Distribución por parches/ Patchy distribution
[2] = Común donde no es cazado/ Common where not hunted
[3] = Común localmente/Common locally

* Especie registrada en un inventario en 1992 cerca del río Negro/ Species registered in an inventory in 1992 near the Negro River (Emmons y/and Smith 2002).

MAMÍFEROS GRANDES/LARGE MAMMALS

Especie/Species	Nombre común	Common name	Número de observaciones/ Number of records in site			Abundancia local/Local abundance	Estado general/ General status
			Caimán	Piedritas	Manoa		
Glossophaga soricina	murciélago	common long-tongued bat	1	0	0	?	U
Phyllostomus sp.	murciélago	spear-nosed bat	1	1	0	?	C
LAGOMORPHA							
Leporidae							
Sylvilagus braziliensis	conejo	tapiti or Brazilian rabbit	0	1?	0	R	C[1]
PRIMATES							
Callitrichidae							
Saguinus fuscicollis weddelli	chichilo o leoncito	saddleback tamarin	11	12	7	A	CITES II
*Saguinus labiatus**	chichilo o leoncito	red-chested mustached tamarin	12	6	9	A	CITES II
Cebidae							
Alouatta sara	manechi	Bolivian red howler monkey	0	4	2	L	CITES II, IUCNv
Aotus nigriceps o/or *azarae**	mono nocturno	southern red-necked or Azara's night monkey	3	2	2	C	CITES II, IUCNe
Ateles chamek	marimono	black-faced black spider monkey	0	0	1	R	CITES II
Callicebus sp.	sogui sogui o lucachi	titi monkey (brown or red?)	0	1	0	R	CITES II
*Cebus albifrons**	toranzo o mono bayo	white-fronted capuchin monkey	1	3	1	L	CITES II
*Cebus apella**	mono negro o silvador	brown capuchin monkey	11	15	5	A	CITES II, IUCNce
*Pithecia irrorata**	parabacú	gray monk or bald-faced saki monkey	2	4	2	M	CITES II, IUCNv
*Saimiri boliviensis**	mono amarillo o chichilo	Bolivian squirrel monkey	0	2	0	L	CITES II, IUCNv
MARSUPIALIA							
Didelphidae							
Marmosops dorothea	comadreja	mouse opposum	1	0	2	?	U
Micoureus demerarae	comadreja	long-furred woolly mouse opossum	1	0	0	?	U
Didelphis marsupialis	carachupa	common opossum	1	0	0	L	C
PERISSODACTYLA							
Tapiridae							
*Tapirus terrestris**	anta	Brazilian tapir	1	8	5	M	CITES II, ESA
RODENTIA							
Agoutidae							
*Agouti paca**	jochi pintado o paca	paca	4	3	2	M	C[2]
Dasyproctidae							
Dasyprocta variegata y/and *fuliginosa?**	jochi	brown or black agouti	8	12	5	A	C
Myoprocta sp. (*M. pratti?*)*	–	green acouchy	1?	0	0	R	C

MAMÍFEROS GRANDES / LARGE MAMMALS

Especie/Species	Nombre común	Common name	Caimán	Piedritas	Manoa	Abundancia local/Local abundance	Estado general/ General status
Erethizontidae							
Coendou prehensilis*	puercoespín	Brazilian porcupine	0	0	0	e	R o/or C[1]
Hydrochaeridae							
Hydrochaeris hydrochaeris	capihuara	capybara	0	1	2	L	C
Muridae							
Proechymis sp. (*P. steerei?*)*	ratón	spiny rat	0	2	3	?	C
Sciuridae							
Sciurus ignitus	ardilla	Bolivian squirrel	1	3	1	C	C[3]
Sciurus spadiceus*	ardilla	southern Amazon red squirrel	1	8	4	M	C
Sciurus sp. (*S. pyrrhinus?*)	ardilla	a squirrel	0	4	0	C	U
XENARTHRA							
Bradypodidae							
Bradypus variegatus	perezoso	brown-throated three-toed sloth	0	0	0	e	CITES II
Megalonychidae							
Choloepus hoffmanni	perezoso	Hoffmann's two-toed sloth	0	0	0	e	?
Myrmecophagidae							
Cyclopes didactylus	oso oro	silky or pygmy anteater	0	0	0	e	?
Myrmecophaga tridactyla	oso bandera	giant anteater	0	0	0	e	CITES II
Tamandua tetradactyla	oso hormiguero	southern tamandua	2	0	0	L	CITES II
Dasypodidae							
Cabassous unicinctus	tatú	southern naked-tailed armadillo	0	0	0	e	R?
Dasypus novemcinctus	tatú	nine-banded long-nosed armadillo	4	9	3	A	C
Dasypus kappleri	tatú 15 kilos	great long-nosed armadillo	1	0	2	L	R o/or C[1]
Priodontes maximus	pejichi	giant armadillo	4	6	6	M	CITES I, ESA

Abundancia local estimada/ Estimated local abundance

A = Abundante/Abundant
M = Más común/More common
C = Común/Common
L = Poco común/Less common
R = Raro/Rare
e = Esperado pero no registrado/ Expected but not registered during the inventory

Estado general/General status (Emmons 1997)

C = Común/Common
U = No común/Uncommon
R = Raro/Rare
CITES I = CITES – Appendix I
CITES II = CITES – Appendix II
ESA = U.S. Endangered Species Act – Endangered
IUCNv = IUCN Red List – Vulnerable
IUCNe = IUCN Red List – Endangered
IUCNce = IUCN Red List – Critically Endangered

[1] = Distribución por parches/ Patchy distribution
[2] = Común donde no es cazado/ Common where not hunted
[3] = Común localmente/Common locally

* Especie registrada en un inventario en 1992 cerca del río Negro/ Species registered in an inventory in 1992 near the Negro River (Emmons y/and Smith 2002).

LITERATURA CITADA/LITERATURE CITED

Alverson, W. S., D. K. Moskovits, y/and I. Halm (eds.). En prensa./In press. Bolivia: Pando, Madre de Dios. Rapid Biological Inventories 05. Chicago: The Field Museum.

Alverson, W. S., D. K. Moskovits, y/and J. M. Shopland (eds.). 2000. Bolivia: Pando, Río Tahuamanu. Rapid Biological Inventories 01. Chicago: The Field Museum.

Avila-Pires, T. C. S. 1995. Lizards of Brazilian Amazonia (Reptilia: Squamata). Zool. Verh., Leiden 299: 1–706.

Cadle, J. E. 2001. A new species of lizard related to *Stenocercus caducus* (Cope) (Squamata: Iguanidae) from Peru and Bolivia, with a key to the "*Ophryoessoides* group." Bull. Mus. Comp. Zool. 157: 183–222.

Cadle, J. E., J. Icochea, J. P. Zuñiga, A. Portilla, y C. Rivera. 2002. La herpetofauna encontrada en el Refugio Juliaca y en el Puesto de Vigilancia Enahuipa del Santuario Nacional Pampas del Heath. Páginas 52–57 y 101–104 en J. R. Montambault (ed.), Informes de las Evaluaciones Biológicas Pampas del Heath, Perú, Alto Madidi, Bolivia y Pando, Bolivia. Washington, D.C.: Conservation International.

Cadle, J. E., and S. Reichle. 2000. Reptiles and amphibians. Pages 34–36 and Appendices 2A, 2B in W. S. Alverson, D.K. Moskovits, and J.M. Shopland (eds.). 2000. Bolivia: Pando, Río Tahuamanu. Rapid Biological Inventories 01. Chicago: The Field Museum.

Caldwell, J. P., A. P. Lima, and C. Keller. 2002. Redescription of *Colostethus marchesianus* (Melin, 1941) from its type locality. Copeia 2002: 157–165.

Caldwell, J. P., and C. W. Myers. 1990. A new poison frog from Amazonian Brazil, with further revision of the *quinquevittatus* group of *Dendrobates*. Amer. Mus. Nov. 2988: 1–21.

De la Riva, I., J. Köhler, S. Lötters, and S. Reichle. 2000. Ten years of research on Bolivian amphibians: updated checklist, distribution, taxonomic problems, literature and iconography. Rev. Esp. Herp. 14: 19–164.

De la Riva, I., R. Marquez, and J. Bosch. 1996. The advertisement calls of three South American poison frogs (Amphibia: Anura: Dendrobatidae), with comments on their taxonomy and distribution. J. Nat. Hist. 30: 1413–1420.

Dirksen, L., and I. De la Riva. 1999. The lizards and amphisbaenians of Bolivia (Reptilia, Squamata): checklist, localities, and bibliography. Graellsia 55: 199–215.

Dixon, J. R., and P. Soini. 1986. The reptiles of the upper Amazon Basin, Iquitos region, Peru. Part 1, Lizards and amphisbaenians. Part 2, Crocodilians, turtles, and snakes. Milwaukee: Milwaukee Public Museum.

Duellman, W. E. 1978. The biology of an equatorial herpetofauna in Amazonian Ecuador. Misc. Publ. Mus. Nat. Hist., Univ. Kansas 65: 1–352.

Duellman, W. E., and A. W. Salas. 1991. Annotated checklist of the amphibians and reptiles of Cuzco Amazonico, Peru. Occas. Pap. Mus. Nat. Hist., Univ. Kansas 143: 1–13.

Emmons, L. H. 1997. Neotropical Rainforest Mammals: A Field Guide, second edition. Chicago: University of Chicago Press.

Emmons, L. H. y K. S. Smith, 2002. Mamíferos del noreste de la zona Pando (Expedición RAP 1992) / Mammals of Northeastern Pando. (RAP expedition 1992). Páginas 110–112 en J. R. Montambault (ed.), Informes de las Evaluaciones Biológicas Pampas del Heath, Perú, Alto Madidi, Bolivia, y Pando, Bolivia. Washington, D.C.: Conservation International.

Hoogmoed, M.S. 1990. Biosystematics of South American Bufonidae, with special reference to the *Bufo "typhonius"* group. Pages 113-123 in G. Peters and R. Hutterer, Vertebrates in the Tropics. Bonn: Museum Alexander Koenig.

Köhler, J., and S. Lötters. 1999. Annotated list of amphibian records from the Departamento Pando, Bolivia, with description of some advertisement calls. Bonn. Zool. Beitr. 48: 259–273.

Montambault, J. R. (ed.). 2002. Informes de las Evaluaciones
    Biológicas Pampas del Heath, Perú, Alto Madidi,
    Bolivia, y Pando, Bolivia. Washington, D.C.:
    Conservation International.

Morales, V. R., and R.W. McDiarmid. 1996. Annotated
    checklist of the amphibians and reptiles of Pakitza,
    Manu National Park Reserve Zone, with comments on
    the herpetofauna of Madre de Dios, Perú. Pages 503–521
    in D. E.Wilson and A. Sandoval (eds.), Manu,
    The Biodiversity of Southeastern Peru. Washington, D.C.:
    Smithsonian Institution.

Parker, T., y P. Hoke. 2002. Lista preliminar de aves
    registradas durante la Expedición RAP a la
    Zona de Pando, Bolivia, 1992. Páginas 113–124 en
    J. R. Montambault (ed.), Informes de las Evaluaciones
    Biológicas Pampas del Heath, Perú, Alto Madidi,
    Bolivia, y Pando, Bolivia. Washington, D.C.:
    Conservation International.

Parker, T.A., III, and J.V. Remsen. 1987. Fifty-two Amazonian
    bird species new to Bolivia. Bulletin of the British
    Ornithologists' Club 102 : 63-70.

Parker, T.A., III, D.F. Stotz, and J.W. Fitzpatrick. 1996.
    Ecological and distributional databases. Pages 113-436
    in D.F. Stotz, J.W. Fitzpatrick, T.A. Parker III, and
    D.K. Moskovits, Neotropical Birds: Ecology and
    Conservation. Chicago: University of Chicago Press.

Pérez, M. E., J. M. Pérez, F. Guerra, y C. Cortez. 2002.
    Herpetofauna del Parque Nacional Madidi, Bolivia.
    Páginas 58–65 en J. R. Montambault (ed.), Informes de
    las Evaluaciones Biológicas Pampas del Heath, Perú,
    Alto Madidi, Bolivia y Pando, Bolivia, Conservation
    International, Washington, D.C.

Rodríguez, L. B., and J. E. Cadle. 1990. A preliminary
    overview of the herpetofauna of Cocha Cashu,
    Manu National Park, Peru. Pages 410–425 in
    A. H. Gentry (ed.), Four Neotropical Rainforests.
    New Haven: Yale University Press.

Rodríguez, L. O., and W. E. Duellman. 1994. Guide to the
    Frogs of the Iquitos Region, Amazonian Peru. Lawrence:
    Natural History Museum, University of Kansas.

Rowe, N. 1996. The Pictorial Guide to the Living Primates.
    East Hampton, New York: Pogonias Press.

Schulenberg, T.S., C. Quiroga O., L. Jammes, y D. Moskovits.
    2000. Aves/Birds. Pages 41-44 and 83-86 in
    W.S. Alverson, D.K. Moskovits, and J.M. Shopland
    (eds.), Bolivia: Pando Rio Tahuamanu. Rapid Biological
    Inventories 01. Chicago: The Field Museum.

van Roosmalen, M. G. M., T. van Roosmalen, and
    R. A. Mittermeier. 2002. A taxonomic review of the
    titi monkeys, genus Callicebus Thomas, 1903, with
    the description of two new species, *Callicebus bernhardi*
    and *Callicebus stephennashi*, from Brazilian Amazonia.
    Neotropical Primates 10 (suppl.): 1–52.

Zimmerman, B. L., and M. T. Rodrigues. 1990. Frogs, snakes, and
    lizards of the INPA-WWF Reserves near Manaus, Brazil.
    Pages 426–454 in A. H. Gentry (ed.), Four Neotropical
    Rainforests. New Haven: Yale University Press.

Alverson, W. S., D. K. Moskovits, y/and J. M. Shopland (eds.).
2000. Bolivia: Pando, Río Tahuamanu. Rapid Biological
Inventories Report 01. Chicago: The Field Museum.

Alverson, W. S., L. O. Rodríguez, y/and D. K. Moskovits (eds.).
2001. Perú: Biabo Cordillera Azul. Rapid Biological
Inventories Report 02. Chicago: The Field Museum.

Pitman, N., D. K. Moskovits, W. S. Alverson, y/and R. Borman A.
(eds.). 2002. Ecuador: Serranías Cofán–Bermejo, Sinangoe.
Rapid Biological Inventories Report 03. Chicago:
The Field Museum.

Alverson, W.S., D.K. Moskovits, y/and J. M. Shopland (eds.)
2002. Bolivia, Río Tahuamanu. Rapid Biological
Inventories Report 01, second edition. Chicago:
The Field Museum.

Stotz, D. F., E. J. Harris, D. K. Moskovits, Ken Hao, Yi Shaoling,
and G. W. Adelmann. 2003. China: Yunnan, Southern
Gaoligongshan. Rapid Biological Inventories Report 04.
Chicago: The Field Museum.